AI时代

图说人工智能七十年

闻新　宋华华　梁兴　编著

化学工业出版社
·北京·

内容简介

本书以严谨的科学态度和图文结合的形式，为你展开一幅幅幻想与现实交织的人工智能发展史画卷。本书涵盖了人工智能学科发展进程的方方面面，从哲学、小说到技术与工程，还包括许多影响人工智能发展的其他领域。同时，书中重点介绍了一些人工智能发展的里程碑事件，如神经生物学、脑科学、微电子学和机器人等领域的辉煌成就。

本书语言通俗易懂，内容浅显清晰，既适合作为大众的科普读物，也适合供人工智能领域的工作人员阅读参考。此外，它还为科幻爱好者提供了丰富的灵感源泉，让他们能够写出更加引人入胜的作品。希望通过本书，读者们能领略到人工智能的无穷魅力。

图书在版编目（CIP）数据

AI时代：图说人工智能七十年 / 闻新，宋华华，梁兴编著. -- 北京：化学工业出版社，2025. 1. -- ISBN 978-7-122-46916-8

Ⅰ. TP18-49

中国国家版本馆CIP数据核字第2024CU0229号

责任编辑：王清颢　张海丽　　　　装帧设计：梧桐影
责任校对：宋　玮

出版发行：化学工业出版社
（北京市东城区青年湖南街13号　邮政编码100011）
印　　装：大厂回族自治县聚鑫印刷有限责任公司
710mm×1000mm　1/16　印张13　字数206千字
2025年4月北京第1版第1次印刷

购书咨询：010-64518888　　　　售后服务：010-64518899
网　　址：http://www.cip.com.cn
凡购买本书，如有缺损质量问题，本社销售中心负责调换。

定　　价：68.00元

前言

人工智能作为新一轮科技革命和产业变革的重要驱动力，正在深刻地改变着我们的生产方式和生活方式，带动各行业生产力和生产效率革命式升级换代，催生新产业、新业态、新模式，引发经济社会深刻变革。

另一方面，以ChatGPT为代表的生成式人工智能浪潮席卷全球，对人类的学习、生活和工作方式产生了强烈的冲击，催生全球范围内社会范式的急剧变革，社会和个人的发展将越来越依赖人工智能。2018年，图灵奖得主杰弗里·辛顿说：“人工智能是一场工业革命，这次革命不仅改变工具，更改变我们理解世界的方式。”

在今天高速发展的世界里，人工智能（AI）已经成为了一个不可或缺的部分。从智能手机到自动化家居，再到教育和医疗领域，AI的应用几乎渗透到我们生活的每一个角落。随着技术的进步，AI不再仅限于供专业人士使用，它已经逐渐变成了人们日常生活与工作离不开的助手。例如，很多大企业已经采用GPT-4帮助员工管理客户的财富，许多教育机构也在基于AI推出新型的教学服务。自2020年以来，AI助手已经帮助数百万家庭进行日常任务的安排和控制智能家居设备。而到了2024年，人工智能在这一领域的成就达到了前所未有的高度——诺贝尔三大科学奖项中，两大奖项与人工智能研究相关。这一里程碑式的荣誉不仅是对AI技术的高度认可，也是对其在全球发展和改善人类生活质量方面所发挥作用的肯定。

在这样的背景下，随着AI技术的不断发展与创新，AI助手之间的竞争也日益激烈。2025年初，中国的DeepSeek作为新一代AI平台迅速崛起，震惊了整个世界。与ChatGPT等先行者相比，DeepSeek具备高效的信息检索和处理能力，能够迅速且准确地分析海量数据，为用户提供深度定制的答案；DeepSeek在跨领域知识整合方面尤其出色，它不仅能生成自然语言，还能够有效整合来自多个学科的知识体系，为用户提供跨界解决方案；此外，DeepSeek在语言支持和文化适应能力上也表现出色，其算法设计注重数据隐私保护，符合全球最严格的数据安全标准。

人工智能方兴未艾，日后必会更为普遍，前景可谓一片光明。但是，有些人担心人类在地球上的地位被动摇。事实上，从目前看，机器确实会导致一些职位流失，但此消彼长，人工智能的普及也为不少人带来了机会，计算机科学家和数据分析师便是例子。由此可见，当下，每个公民都需要对人工智能技术有正确的认识和素养。那么，什么是人工智能素养呢？人工智能素养可由认知、元认知、情感和社会文化层面四大范畴组成。认知层面包括对人工智能概念的认识，例如对近年愈来愈重要的机器学习和深度学习的认识；元认知层面涉及利用人工智能概念来解决问题的能力；情感层面与人工智能赋能有关，即有多大信心参与人工智能相关的活动，例如认为自己有没有能力学习、应用及评估人工智能的应用；社会文化层面可包括人工智能的道德考虑，认识相关的道德原理、议题和应对方法。

本书围绕提升公民人工智能素养的需求，以严谨的科学态度为基础，采用图文并茂的形式梳理了人工智能的发展历史。在编写过程中，我们尽量避免复杂的数学和逻辑公式，力求用通俗易懂的语言介绍关键的概念、定义、推理及应用。

本书的内容基于南京航空航天大学“太空探索简史”课程的补充教学材料，以及中国石油大学（北京）克拉玛依校区“人工神经网络基础”课程的辅导材料，由闻新组织策划和编写，宋华华（北京特种工程设计研究院）、梁兴参与了本书的编写工作。本书的出版得到了李小云、徐涛和谢煜的帮助和支持，在此表示衷心的感谢。由于编者水平有限，书中难免有不足之处，恳请广大读者朋友批评指正。

希望本书能够为读者带来轻松且充实的人工智能学习体验。

编著者

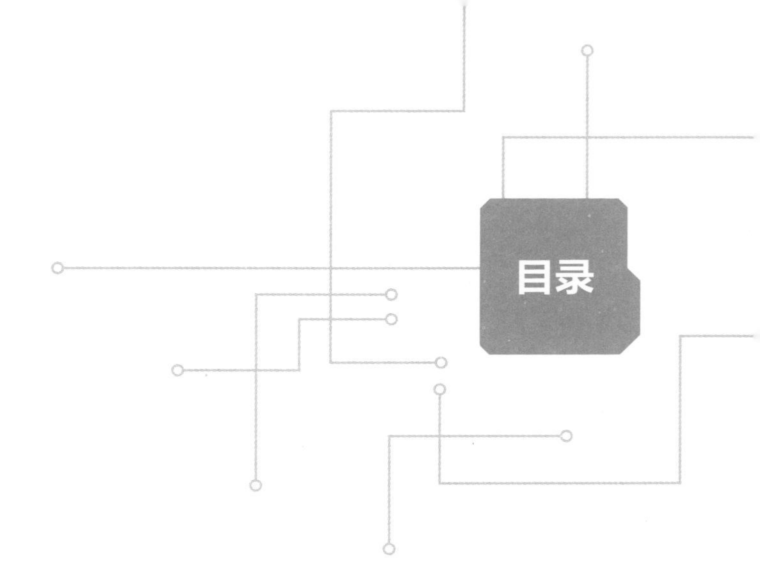

一 人工智能的概念

二 图解人工智能发展脉络

三 古人对人工智能的贡献

五　人工智能的摇篮期

六　人工智能的形成期

七 人工智能经历的第一个“冬天”

八 人工智能的复苏与第二个“冬天”

九　机器学习的复兴与兴起

十　生成式人工智能的起源

十一　人工智能的兴起与突破

| 一 | 人工智能的概念

人工智能（Artificial Intelligence，AI），顾名思义，就是利用机器——通常是计算机——来模仿人类的智慧。

今天，理解人工智能的概念变得越来越重要，这是为什么呢?

首先，AI正迅速改变着各行各业，从医疗、金融到教育，理解其基本原理可以帮助个人提升职业技能，更好地适应科技驱动的工作环境。

其次，AI在决策过程中的应用越来越广泛，理解其工作原理和局限性能够帮助我们做出更明智的选择，避免盲目依赖技术。

此外，AI的发展伴随着诸多伦理和法律问题，如隐私保护和算法偏见，理解这些问题有助于我们积极参与社会讨论，推动合理政策的制定。AI被认为是未来几十年最具颠覆性的技术之一，理解其趋势能够让我们更好地把握未来的职业发展方向和创新机会。

最后，AI已经深刻影响了我们的日常生活，理解其背后的技术可以帮助我们更有效地利用这些工具，提升生活质量。在这个日益数字化的世界中，理解AI不仅让我们与时俱进，还能推动个人和社会的进步。

1. 什么是人工智能?

人工智能是指计算机对人类智能过程的模拟，让计算机程序或系统执行通常需要人类智能才能完成的复杂任务，例如，人工智能技术可以对人类对话做出有意义的响应，创建原始图像和文本，并根据实时数据输入做出决策等等。

机器学习

通过使用样本数据训练计算机程序，机器学习能够识别出各种模式，一切都基于算法的神奇力量。

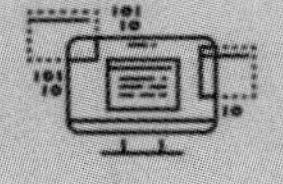

神经网络

这些计算机系统被设计用来模仿我们大脑中的神经元，试图让机器像人类一样思考和决策。

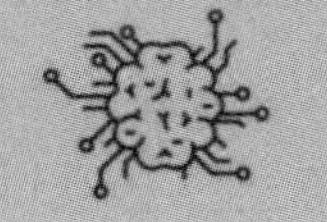

自然语言处理

自然语言处理让机器拥有理解和处理人类语言的能力，不仅能听懂我们说什么，还能分析和理解各种文档。

机器人技术

机器人技术让机器能够在没有人工参与的情况下帮助我们，让科技真正融入我们的日常生活。

人工智能涉及的研究方向

人工智能也是一门研究、开发模拟或超越人类智能的理论、方法、技术及应用的新技术科学，它涉及机器学习、神经网络、自然语言处理和机器人技术等研究方向或领域。

人工智能的核心在于它能够创建具备一定程度的感知、思考、学习和自适应能力的系统，从而使该系统能够更有效地处理信息、优化决策和执行任务。人工智能中的学习和认知的提升，是通过大量数据和复杂算法来实现的，并随着应用时间的推移，这些算法还会自主地提升执行任务的准确性。

2. 人工智能的简单定义

简单来说，人工智能是计算机科学的一个领域，专注于创建能够执行通常需要人类智能的任务的系统，比如理解自然语言和识别数据中的模式。简而言之，人工智能就是让机器具备一定程度的感知、思考、学习和自适应能力。

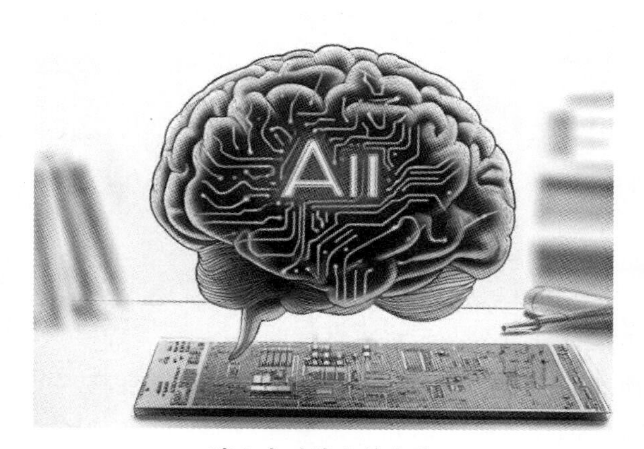

建立在硅片上的大脑

关于人工智能的小故事

在一个遥远的小镇上，有个叫文文的年轻人特别爱琢磨事儿，他特别想造个机器，让它能像人一样聪明，帮大家解决问题。

于是，文文整天在他的小屋里捣鼓，屋里堆满了零件、书和图纸。后来，他做出了一个叫“智多星”的机器人，这机器人眼睛、耳朵都灵光，脑袋里还有好多算法，能学东西，还能懂人的心思。

又经过很长时间的改进，智多星终于能动了。文文跟它打招呼，它想了想，说："你好，文文。很高兴见到你。"文文高兴坏了，觉得自己的梦想快实现了。

随着时间的推移，智多星越来越聪明，孩子们有难题找它，它就给解答；老人们孤单时，它就过来陪伴。它还能看天气帮农民给庄稼浇水。

"智多星"机器人正在陪伴老人

镇上的人都说："这不就是人工智能嘛！它又能想事情，又能帮我们干活。"文文听了心里美滋滋的，他知道智多星只是个开头，它证明了人工智能不只是冷冰冰的机器，还能成为我们的朋友和帮手，让生活更美好。

3. 人工智能是如何工作的?

首先，AI系统接收以语音、文本、图像等形式输入的数据；然后，系统通过应用各种规则和算法来处理这些数据，包括解释、预测和对输入数据进行操作；处理后，系统会提供一个结果，即成功或失败；接下来，通过分析、发现和反馈来评估结果；最后，系统根据评估结果调整输入数据、规则和算法，以及目标结果。这个循环会不断进行，直到达到期望的结果。

人工智能的工作大致有如下6个步骤。

- 数据输入：AI系统接收数据，这些数据可以是文本、语音、图像等格式。
- 处理：系统使用算法和规则对数据进行处理。这一步包括解释数据、进行预测并根据输入决定行动。
- 输出：处理之后，AI系统生成结果。这可以是分类、推荐或某种行动。
- 评估与反馈：对结果进行评估，检查是否达到预期目标。系统分析结果并接收反馈。
- 调整：根据反馈，AI系统调整算法、规则或数据处理方式，以改进未来的结果。
- 迭代：这个过程循环往复，不断优化系统的性能，直到实现期望的结果。

这种迭代过程使得AI系统能够随着时间的推移进行学习和改进，适应新的数据和变化的条件。

AI通过机器学习和深度学习扩充知识

4. AI的优点和缺点是什么？

目前，AI的优点主要有三个：第一，擅长重复繁琐的机械性工作，可以一直持续工作，和人相比，AI不需要休息，具有高可靠性，犯错的概率比人类低，效率更高；第二，人工智能可以代替人去承担更多危险性的工作，做一些人类不想做、不能做的工作；第三，长期看来AI成本较低，企业一次性采购付费，可以使用很长时间，后续成本相对不会增加。

AI的缺点也主要有三点：第一，安全性问题，因为过分依赖大数据，AI的安全性更加脆弱，在高强度的使用中，很容易被欺骗、损坏或出错；第二，创新性低，目前的AI只能从固定的某个领域的大量数据进行学习，从数据分析中提取分析模型和结论，而在创新领域，由于缺乏固定的衡量标准和输出模式，AI其实不擅长创新；第三，AI没有道德规范，人类从童年早期就开始形成道德的意识，在成长的过程中，也一直在被道德约束，并被培养道德意识，但AI机器是不存在道德规范的，它们只知道它们学习、识别和使用的东西。

目前AI的优点和缺点“实力”相当

5. 什么是人工智能奇点?

“奇点”是美国科幻作家弗诺·文奇（Vernor Vinge）提出的概念，它指的是一种未来可能发生的事件或情况。由此可见，“人工智能奇点”就是指人工智能从弱到中，由中到强的两个突破点，这两个奇点属于假设，相比较于理论假设，更像科幻小说的情节。

但是，“人工智能奇点”也有另外一些观点。有些专家认为“人工智能奇点”将是一种真实而现实的危险，而又有一些专家则认为“人工智能奇点”纯属科幻小说。所以，截至本书出版为止，“人工智能的奇点”对人类意味着一场激烈的争论，一些人认为这个奇点将创造一个乌托邦，而另一些人则认为这个奇点将是世界末日。

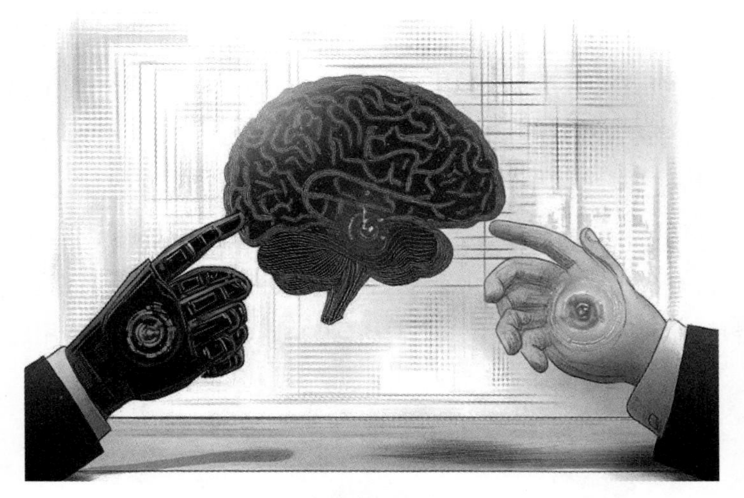

硅脑直面人脑

6. 人工智能在日常生活中的应用

人工智能在日常生活中随处可见，以下是一些具体的应用。

（1）安全与支付

人脸识别：在机场、火车站、商场等公共场所，人脸识别系统可实时识别并比对人群中的目标人物，加强了安防效率。同时，该技术也被广泛应用于手机解锁、支付验证等领域，极大地增强了生活的便捷性和安全性。

智能门锁：采用人工智能技术，能够识别并验证用户的身份，确保只有授权人员才能进入。

（2）交通与出行

无人驾驶：无人驾驶汽车通过高精度地图、传感器和算法的配合，实现了在复杂环境中自主导航的能力。它们能够实时感知周围环境，优化路线，减少交通拥堵，并降低交通事故的风险。

地图导航：无论是步行还是驾车，人们都能够通过手机地图轻松规划出路线。地图导航能够实时显示路况信息，帮助人们避开拥堵路段，节省出行时间。

打车服务：通过打车平台，人们可以快速预约车辆，实现便捷出行。打车平台能够依据乘客和司机的位置、需求等信息，智能匹配更优的出行方案，并实时跟踪车辆位置，确保乘客安全。

（3）家居与家电

智能家居：包括智能音箱、智能电视、智能空调等设备。这些设备能够通过语音指令或手机APP进行控制，给人们提供便捷的生活体验。

智能扫地机器人：利用自身的系统及传感器规划路线，并自动清扫地面，减轻家庭清洁的负担。

（4）购物与电商

个性化推荐：电商平台会根据用户的浏览和购买记录，运用人工智能技术为用户推荐符合其喜好的商品。这不仅节省了用户挑选商品的时间，还能让他们更容易发现心仪的宝贝。

智能客服：许多电商平台和在线零售商都采用了智能客服系统，通过聊天机器人或虚拟助手来回复用户的咨询，帮用户解决问题。

（5）教育与学习

个性化学习软件：能够根据学生的学习情况为其制订专属的学习计划，助其提高学习效率。这些软件通常会利用人工智能技术来分析学生的学习数据，识别他们的强项和弱点，并推荐相应的学习资源和练习题目。

智能教育平台：提供在线课程、虚拟实验室和互动式教学等功能，为学习者提供更加灵活和便捷的学习方式。这些平台通常会利用人工智能技术来跟踪学习者的进度和表现，并根据需要提供个性化的指导和支持。

（6）娱乐与休闲

智能音箱：能够播放音乐、有声读物、新闻等内容，用户可通过语音指令对其进行控制。这些音箱通常会利用人工智能技术来识别用户的语音指令，并根据用户的喜好和需求来推荐相应的内容。

游戏人工智能：在游戏领域，人工智能被用于创建智能的虚拟角色，与玩家进行互动。

（7）医疗与健康

智能诊断：人工智能被用于医疗影像分析、疾病诊断和病理研究等领域。通过训练人工智能模型来识别和分析医学影像数据，医生可以更准确地为患者诊断疾病并制定治疗方案。

健康监测：智能穿戴设备和移动健康应用程序可以实时监测用户的健康状况，包括心率、血压、睡眠质量等。

AI的广泛应用

7. 人工智能的分类

人工智能可以分为三大基本类别。

狭义AI（Narrow AI）：人工智能可以被设计用于非常具体的任务，比如玩游戏、过滤垃圾邮件、帮助你用智能手机找到附近的餐馆，甚至是驾驶你的汽车。

广义AI（General AI）：又称“通用人工智能”（Artificial General Intelligence，AGI），与人类能力更为相似。广义人工智能是一种更高级的形式，涉及视觉和语言处理、上下文理解以及适应多种任务的能力。它被认为是未来的目标，还需要很长的时间才能实现。

超级AI（Super AI:）：想象一下，一台机器比你还要聪明——甚至是聪明得多。超级人工智能目前仍只是一个理论，没有实际的例子。但这并不意味着人工智能的研究人员还没有探索它的发展。与此同时，一些科幻小说已经出现“超级人工智能”，比如斯坦利·库布里克于1968年执导的美国科幻电影《2001：太空漫游》中的超人。

《2001：太空漫游》的一幕

8. 什么是弱人工智能和强人工智能？

“弱人工智能”，也称为狭义人工智能，如果用“窄”这个词描述“弱人工智能”，则更加准确，因为它一点也不弱。

“弱人工智能”是指专注并擅长特定任务或功能的人工智能系统。这些系统经过专门训练和优化，能够在特定领域内表现出高度的智能和准确性，如图像识别、语音识别、自然语言处理等。然而，弱人工智能的智能水平和应用范围是有限的，它们无法像人类一样进行广泛的学习和推理活动，也无法理解或处理超出其设计范围的信息和任务。因此，弱人工智能通常被视为一种专用的人工智能，其能力和表现受到特定任务和环境的限制。

“强人工智能”，也称为超级智能，它能够模拟或超越人类大脑的智能。

“强人工智能”是指一种能够执行任何智力任务的人工智能系统，其智能水平与人类智能相当或更高。这种人工智能不仅具备广泛的知识和技能，能够理解和处理复杂的信息，还能够进行自主学习、创新思考、理解人类情感和社会文化，以及做出道德和伦理判断。强人工智能的核心在于其具备与人类相似的全面智能，能够灵活适应各种环境和任务，而不仅仅局限于特定领域或功能。

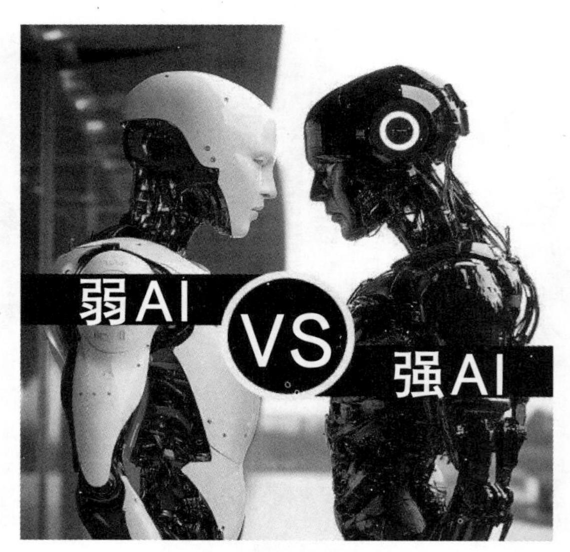

强人工智能vs弱人工智能

9. 什么是通用人工智能?

通用人工智能（Artificial General Intelligence，AGI）是一种具备类似人类通用智能的AI系统，能够自主学习、推理，并有效解决多领域问题。它不仅可以处理复杂的情感和道德决策，还具备创新能力，能够在人类社会中发挥重要作用，提供个性化服务并增强人类的能力。AGI旨在实现一种在各种任务和环境中都能灵活应对的智能系统，但目前仍处于理论概念阶段。

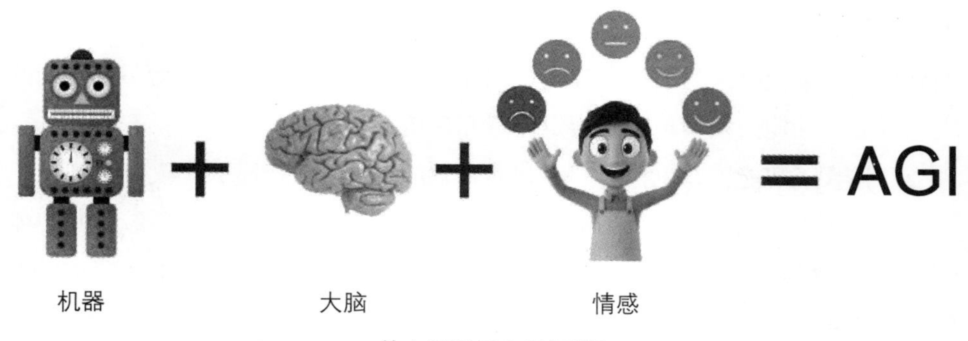

什么是通用人工智能?

10. 通用人工智能能做些什么?

通用人工智能（AGI）能够像人类一样执行多种任务，具备以下能力。

- 多领域问题解决：在不同领域内自主学习和解决复杂问题。

- 自主学习和改进：通过观察和交互，不断学习新技能并提升自身能力。
- 理解情感和道德决策：处理复杂的情感问题和道德伦理决策。
- 创造性思维：进行原创性思考和创新，创造艺术作品和发明新技术。
- 社会治理：参与社会政策制定和资源管理，优化社会服务。
- 增强人类能力：与人类合作，提供个性化服务，支持科学研究和工程设计，处理各种类型的学习和学习算法。

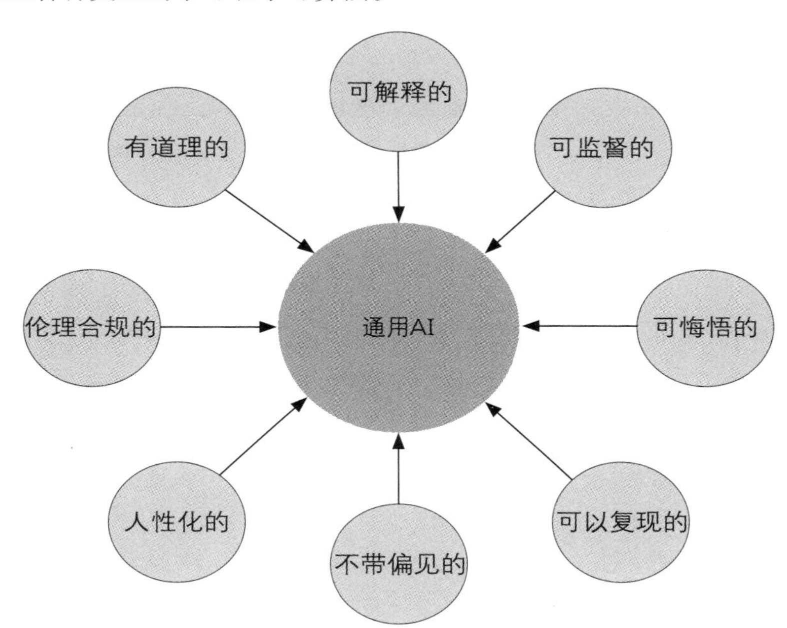

人们对通用人工智能发展的担忧是它能否成为负责任的人工智能

11. 目前主要使用的人工智能类型

目前，我们使用的主要是弱人工智能。弱人工智能是指那些能够执行特定任务或在特定领域内表现出智能的机器，但它们并不具备真正的推理、感情或自我意识，与强人工智能，即具备人类级别智能，能进行复杂推理和决策，甚至拥有自我意识的机器，有所区别。

例如，现代汽车中配备了多种弱人工智能系统，如防抱死系统，它可以根据车轮的转速和摩擦力自动调节刹车力度，防止车轮抱死，从而提高行车安全性。再比如，智能手机利用人工智能技术提供人脸识别解锁、指纹识别等功能也都是弱人工智能的应用。

机械臂

| 案例 | 人工智能在工业中的应用

当今世界已步入工业4.0时代，利用机器人辅助人类进行生产制造，强调运用“人机协作”模式向智能化生产迈进。机器人视觉是一种高度集成的工程技术，它通过机器视觉检测环境中的人和物体，计算它们在摄像机坐标系中的位置，再转换到机械臂坐标系，然后驱动电机带动轴关节操作目标。这一过程涉及复杂的计算机运算，但归属于弱人工智能应用。

12. 人工智能的基本原则

人工智能的基本原则涵盖了多个方面。

首先是机器学习，即计算机能够利用数据随着时间的推移不断改进，从而变得更加智能。其次是知识表示，这一原则使得人工智能能够像人类一样处理复杂问题。

除此之外，人工智能还有其他几个重要原则，包括推理——从已有信息中推导出结论，以辅助决策和问题解决；感知——通过传感器或摄像头等设备获取并理解环境中的信息；以及自然语言处理——理解和生成人类语言，如聊天机器人和翻译工具所展现的能力。

这些核心原则共同助力人工智能在医疗、金融、教育、电力、交通等多个领域发挥重要作用。

AI核心原则助力多领域应用

13. 深度学习与神经网络的关系

深度学习与神经网络的关系可以理解为包含与被包含的关系。

（1）神经网络

• 定义：神经网络是一种受人脑神经元启发的计算模型，用于处理和学习数据。它由多个相互连接的节点（称为"神经元"或"单元"）组成，分布在不同的层级（输入层、隐藏层和输出层）中。

• 结构：基本的神经网络通常包括一个输入层、一个或多个隐藏层，以及一个输出层。每一层的神经元通过权重连接，权重在训练过程中调整以优化网络的性能。

（2）深度学习

• 定义：深度学习是机器学习的一个子领域，专注于使用"深层"神经网络来处理数据。所谓"深层"，是指神经网络中隐藏层的数量较多，通常是多个层级的神经网络结构。

• 结构：深度学习模型通常由多个隐藏层组成，每个隐藏层可以学习数据中的不同特征或模式。通过层层抽象，深度学习能够处理复杂的数据和任务，如图像识别、语音识别、自然语言处理等。

（3）关系总结

• 神经网络是一个广义的概念，指的是所有基于神经元连接的计算模型。

• 深度学习是神经网络的一种高级形式，特指那些包含多个隐藏层的"深层"神经网络。简单的神经网络可能只有一个或少数几个隐藏层，而深度学习的神经网络通常由许多层级组成，能够更好地捕捉数据中的复杂模式。

因此，深度学习是使用深层神经网络来实现的，而神经网络是深度学习的基础构建块。

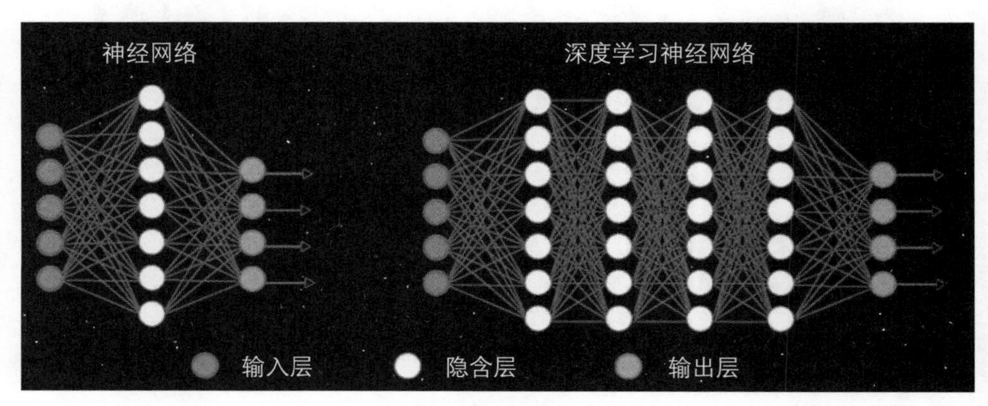

神经网络与深度学习神经网络

14. 机器学习及其类型

机器学习是人工智能的基石，它通过算法分析数据、学习并做出智能决策。以下是机器学习的三种主要类型。

监督学习：这种方法使用标记好的数据进行训练。每个训练数据都有一个已知的答案，算法通过这些数据学习如何从输入中预测输出。常见的应用包括分类（如垃圾邮件过滤）和回归（如房价预测）。监督学习的关键在于数据的质量和标注准确性。

无监督学习：在这种方法中，算法处理未标记的数据，试图发现数据中的隐藏模式和结构。常见的技术包括聚类（如客户细分）和降维（如数据可视化）。无监督学习适用于我们不知道数据具体类别或标签的情况，它帮助我们理解数据的潜在结构。

强化学习：这种方法通过试错来优化决策。算法在与环境交互的过程中，根据奖励和惩罚调整策略，逐步找到最佳行动方案。强化学习广泛应用于游戏、机器人控制和自动驾驶等领域，目标是通过不断地尝试和调整达到最优结果。

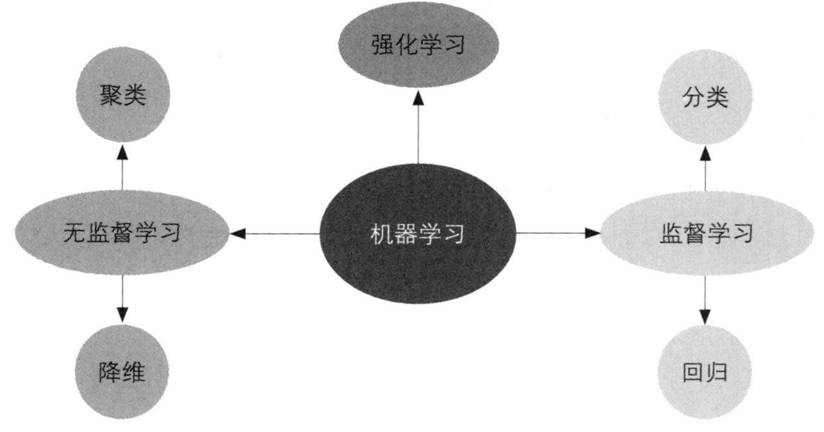

机器学习的家谱

15. 如何理解人工智能、机器学习和深度学习之间的差异?

人工智能（AI）、机器学习（ML）和深度学习（DL）是三个紧密相关但不同的概念。理解它们之间的差异可以用一个层级关系来描述。

（1）人工智能（AI）

• 概念：AI是一个广泛的领域，涉及让机器表现出类似人类智能的能力。它涵盖了从简单的规则系统到复杂的算法，能够执行各种任务，如问题解决、决策、自然语言处理等。

• 应用：包括语音助手、自动驾驶、推荐系统等。

（2）机器学习（ML）

• 概念：ML是AI的一个子集，专注于通过数据训练模型，使机器能够自动改进任务性能，而无须明确编程。机器学习的核心是让计算机从经验中学习，并根据数据进行预测或决策。

• 应用：如垃圾邮件过滤、图像识别、金融预测等。

（3）深度学习（DL）

• 概念：DL是ML的一个子领域，使用神经网络（尤其是深度神经网络）来处理数据。深度学习通过多层神经元结构，自动提取数据中的复杂特征，能够处理大量的数据和复杂的任务。

• 应用：如人脸识别、自动翻译、自动驾驶中的感知系统等。

总结：AI是一个大框架，ML是AI的实现方法之一，而DL是ML中的一种更复杂、更强大的技术。

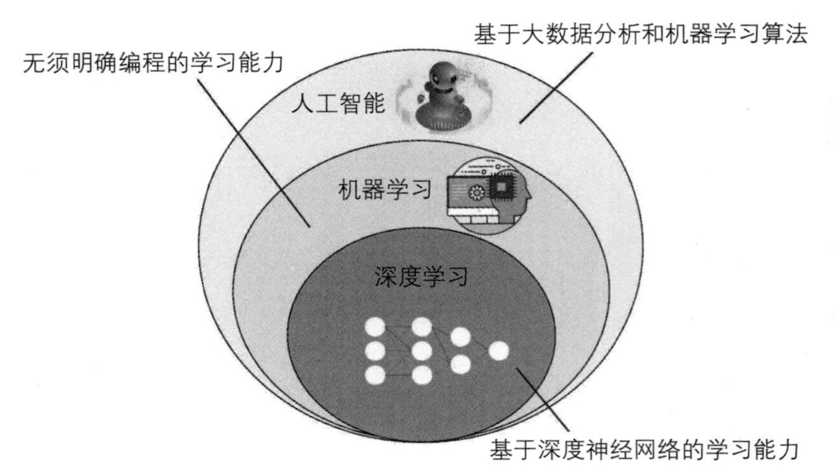

人工智能、机器学习和深度学习之间的关系

16. 什么是生成式人工智能

生成式人工智能，也称“生成式AI”，是一种可以创造新内容和想法的人工智能，包括创造对话、故事、影像和音乐等。人工智能技术试图在非传统计算任务中模仿人类智能，例如图像识别、自然语言处理和翻译。生成式人工智能是人工智能的下一步。你可以训练神经网络 AI，让其学习人类语言、编程语言、艺术、化学、生物学或任何复杂的主题。生成式人工智能会重复使用训练资料来解决新的问题。例如，生成式人工智能可以学习英语词汇，并根据所处理的单词来写成一首诗。你的组织可以将生成式人工智能用于各种目的，例如聊天机器人、媒体创作，以及产品开发和设计。

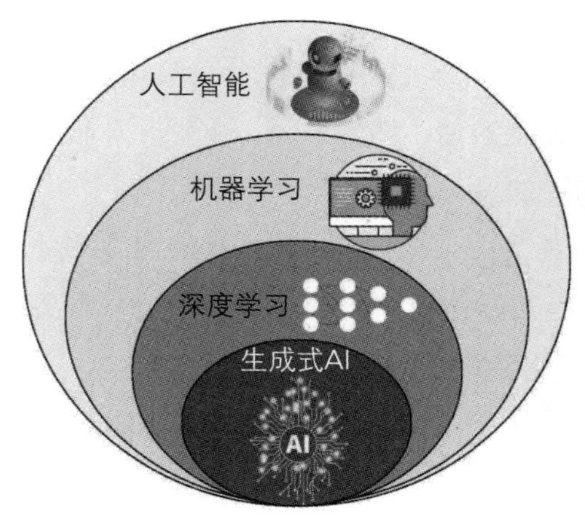

人工智能、机器学习、深度学习和生成式AI之间的关系

17. CPU与GPU的差别

CPU（中央处理器）和GPU（图形处理器）是两种不同类型的处理器，它们在设计和功能上有显著差异。

CPU与GPU

CPU与GPU的不同，并不意味着一个比另一个更好，就如同各种技术在当今工作中都有特定的应用。比如，我们不会在没有GPU的情况下，去尝试渲染高清的3D图形，以提高处理效率。另一方面，对于数据库服务器、网页浏览器和办公应用程序所需的计算能力类型，我们更愿意使用CPU

（1）CPU（Central Processing Unit）

• 主要功能：CPU是计算机的核心处理单元，负责执行计算机的所有基本操作，包括运行操作系统、执行应用程序、处理输入输出任务等。它是通用处理器，擅长处理少量数据的复杂计算任务。

• 架构：CPU通常由少量的强大核心（一般为4到16个）组成，每个核心能够处理复杂的指令集。这使得CPU在执行单线程任务或需要大量逻辑判断的任务时表现优异。

• 任务类型：适合处理顺序性强、逻辑复杂的任务，如程序控制、数据处理、系统管理等。

（2）GPU（Graphics Processing Unit）

• 主要功能：GPU最初设计用于处理图形渲染任务，如图像和视频的绘制和显示。它擅长并行处理大量数据，尤其适合进行大规模的计算任务，如图形渲染和深度学习训练。

• 架构：GPU由大量的较简单核心（可能是数千个）组成，这些核心可以同时处理多个任务。这种架构使得GPU在处理并行计算任务时非常高效，特别是需要对大量数据进行重复计算时。

• 任务类型：适合处理大规模并行计算任务，如图像处理、视频渲染、科学计算和深度学习训练等。

（3）主要差别

• 任务类型：CPU擅长处理单线程、顺序性任务；GPU擅长并行处理大量简单计算任务。

• 架构：CPU有少量强大的核心，适合复杂任务；GPU有大量的简单核心，适合并行任务。

• 使用场景：CPU用于通用计算任务，如操作系统和应用程序的执行；GPU用于高效处理图形渲染、大规模并行计算等任务。

总结：CPU是通用处理器，适合处理复杂的、顺序性的任务；GPU是专门处理器，擅长并行处理大量数据，特别适合图形渲染和深度学习等大规模计算任务。

18. 大型语言模型

大型语言模型（Large Language Models，LLM）是一种神经网络，拥有数十亿个参数，通过自监督学习或半监督学习，在海量未标注文本上进行训练。这些通用模型能够执行从情感分析到数学推理等多种任务。

尽管大型语言模型是在诸如预测句子中下一个单词这样的简单任务上进行训练的，但它们能够捕捉到人类语言的大部分结构和意义。它们还掌握了大量关于世界的通用知识，并能在训练过程中“记忆”无数事实。可以把大型语言模型想象成巨大的、灵活的“大脑”，只要它们有足够的数据和处理能力，几乎可以被教会做任何事情。因此，下次当你向Deep Seek提问时，请记住了：你正在与最令人印象深刻的人工智能技术之一进行交互。

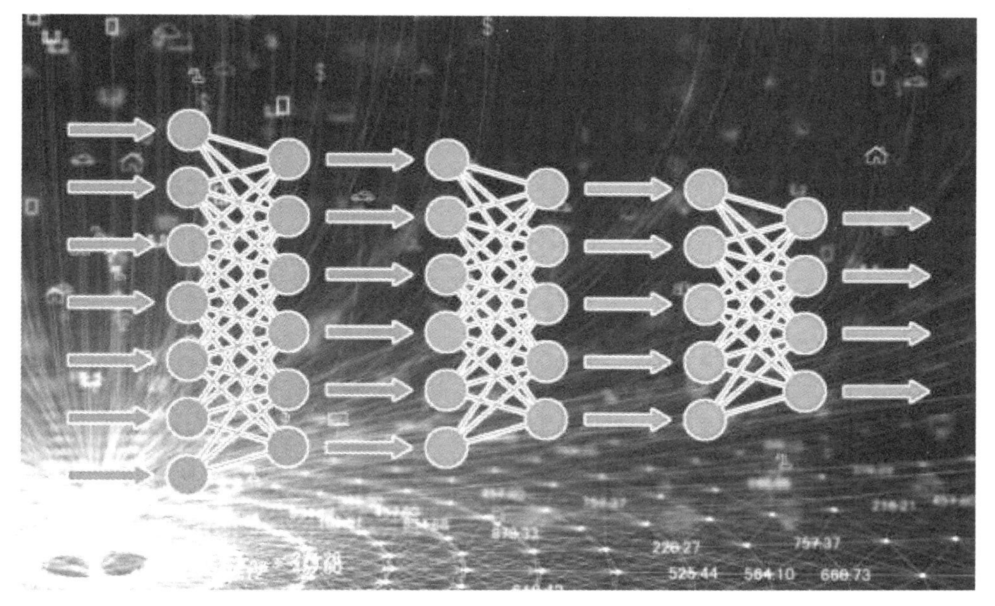

大型语言模型

在最近几年内，大型语言模型（LLM）从有趣的深度学习模型发展成为人工智能研究中最热门的领域之一。特别有趣的是像OpenAI的GPT-3这样的LLM

19. AI面临的伦理考虑

在开发和部署人工智能技术的过程中，伦理和意识是人们一定会讨论的核心议题。我们有责任思考AI的伦理应用，尤其是要防止其编程中可能出现的任何偏见。隐私问题是伦理讨论中的关键环节，因为AI能够以前所未有的规模处理个人数据。我们必须维护个人的隐私权，同时确保数据使用的透明度。此外，当AI系统出现错误或导致损害时，责任的归属问题也是很复杂的。

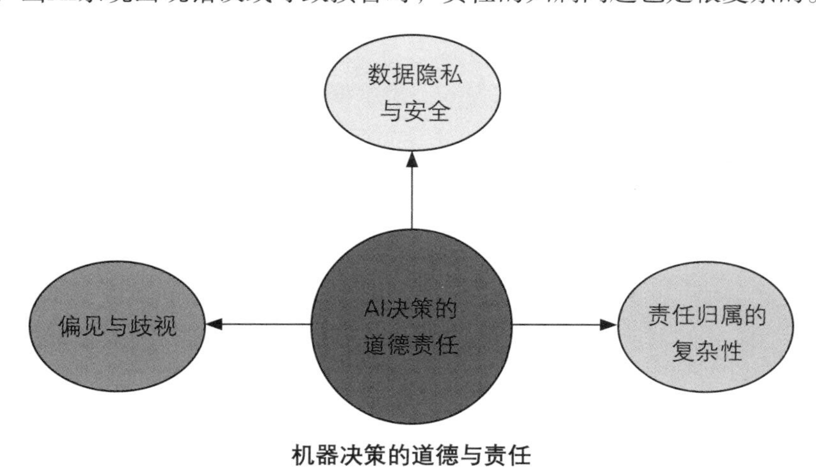

机器决策的道德与责任

| 案例 | AI的算法偏见与就业歧视

AI系统中的算法偏见是一个亟待解决的社会挑战。它不仅可能延续并加剧现有的社会不平等，还可能引发新的就业歧视问题。例如，在某些招聘场景中，如果AI算法被设计得不够公正，它可能会基于某些特征（如性别、种族或年龄）对候选人进行不公平的筛选，从而导致某些群体在就业市场上受到歧视。因此，在设计和实施AI系统时，我们必须将公平性放在首位，通过严格的测试和监管机制，确保AI算法不会成为破坏社会公正和公平原则的工具。同时，我们还需要积极推动相关法律法规的完善，为AI的公正应用提供有力的法律保障。

20. AI面临的社会挑战

AI系统逐渐渗透到我们的日常生活中，其带来的社会影响愈发显著且深远。AI的自动化能力正深刻重塑各行各业，虽然极大地提升了生产、生活的效率，但同时也对传统就业模式构成了挑战。我们的当务之急是探索AI与人类劳动如何和谐共存，通过提供全面的再培训和转型支持，为受影响的人铺就一条公平的过渡之路。

| 案例 | AI面临的社会——自动化与就业

在AI技术的快速发展中，自动化与就业之间的平衡成为了一个紧迫的伦理问题。随着技术的进步，越来越多的工作被自动化取代，这引发了关于员工替代风险的广泛讨论。我们必须谨慎地应对这一变化，既要认识到自动化带来的效率和生产力提升，又要解决它对某些职位可能产生的负面影响。例如，政府和企业可以合作，通过提供培训和教育机会，帮助那些受到自动化影响的员工转型到新的职业领域，从而减轻技术替代带来的社会冲击。

人工智能给人们就业带来的压力

21. 什么是机器人技术？

机器人技术是旨在设计、制造和应用能够自主执行任务或辅助人类工作的智能机器人的技术。这些机器人融合了机械设计、电子设备和先进的计算机程序。例如，在工业生产中，机器人可以自动完成精密的组装工作；在家庭中，扫地机器人能够自主清扫地面；而在危险的作业环境中，探测机器人则能代替人类进行探险。机器人通过内置的传感器感知周围环境，依靠预设的程序来控制自己的行为，并具备一定的学习和适应能力，以应对新任务。

从理论角度看，机器人技术是与机器人设计、制造和应用紧密相关的科学领域，亦称机器人学或机器人工程学。它深入研究机器人如何被控制以及与被处理物体之间的相互作用，这一领域跨越了多个学科，如运动学和动力学、系统结构设计、传感技术、控制技术、行动规划以及应用工程等。

机器人技术的终极目标是实现机器人的高度自主化，使它们能够像人类一样高效地完成各种工作，从而为人类社会带来更大的便利和效率提升。例如，在医疗领域，手术机器人已经能够辅助医生进行精确的操作，不仅减轻了医生的工作负担，还显著提高了手术的精确度和安全性。

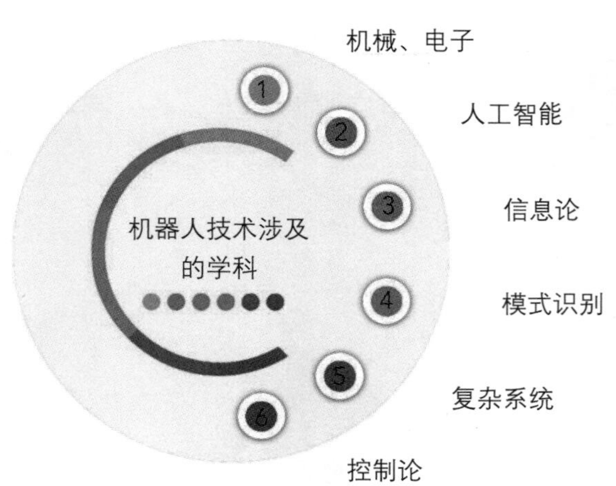

机器人技术涉及的学科

22. 人工智能与机器人技术的关系?

人工智能与机器人技术，可以说是现代科技发展中不可或缺且相辅相成的两大支柱。它们各自独立发展，却又在彼此的交叉点上碰撞出了无限可能，共同推动着科技的进步。

人工智能（AI），这一术语涵盖了广泛的学科领域，其核心在于模拟和延伸人类的智能行为。它不仅仅是让计算机和机器具备“思考”的能力，更重要的是让它们能够学习、推理、理解复杂信息，并根据这些信息做出决策。这种智能的赋予，得益于机器学习、深度学习、自然语言处理等一系列先进算法和技术的发展。通过这些技术，AI系统能够不断从数据中提取知识，优化自身性能，进而实现智能水平的提升。

相比之下，机器人技术则更侧重于实体机器的设计与制造，这些机器被赋予了一定的机械结构和动力系统，以执行物理世界中的各类任务。从简单的搬运、装配到复杂的手术操作、环境探索，机器人以其高效、精确和不知疲倦的特点，在工业生产、医疗健康、科学研究等多个领域展现出了巨大的价值。

当人工智能与机器人技术相遇时，两者之间的协同效应便得以彰显。AI为机器人提供了“大脑”，使其能够理解和处理更加复杂的信息，做出更加智能的决策。例如，通过图像识别和语音识别技术，机器人可以准确识别环境中的物体和人的指令；利用强化学习，机器人能在实践中不断优化自己的行为策略，学会完成新任务。而机器人技术则为AI提供了“身体”，使得这些智能算法得以在现实世界中找到应用的舞台，实现智能的实体化和操作化。

这种结合不仅让机器人能够胜任更加多样化的工作，如家庭服务、自动驾驶、灾害救援等，还极大地推动了工业自动化、智能制造等产业的发展，提高了生产效率和产品质量。更重要的是，它为我们探索未来社会的智能化、自主化提供了宝贵的经验和启示，预示着一个充满无限可能的智能机器人时代的到来。

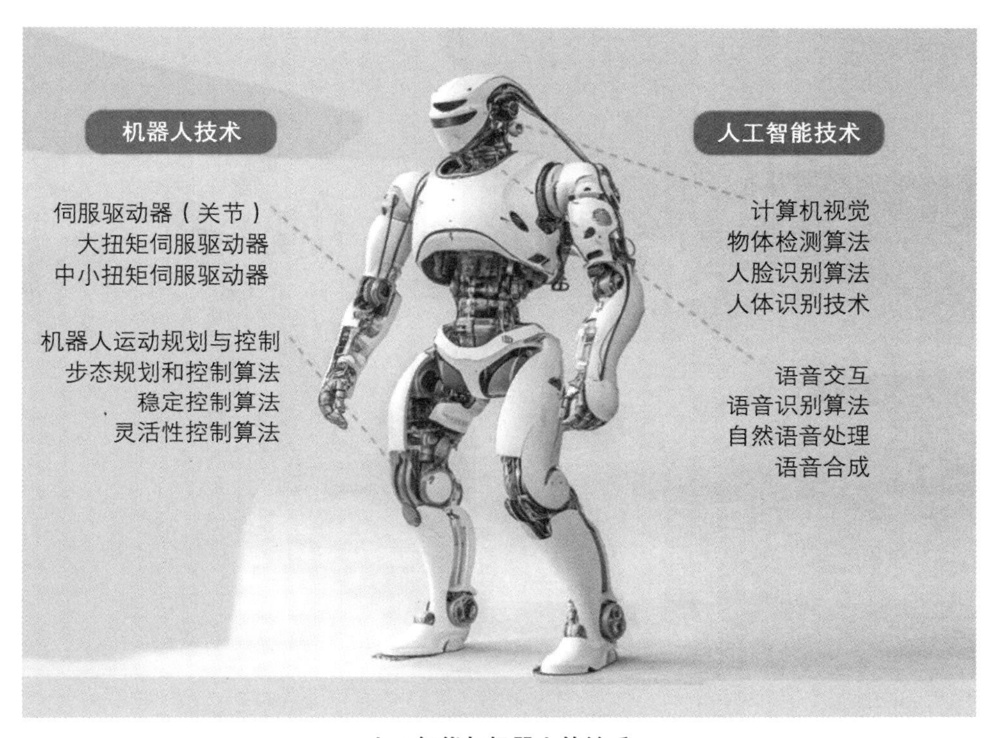

人工智能与机器人的关系

23. 人工智能的未来趋势

人工智能的未来趋势包括以下几个重要方向。

- 更强的通用人工智能（AGI）：AGI的发展将使AI系统具备更广泛的智能能力，能够处理各种复杂任务，具备类似人类的学习和推理能力。
- 更高的自主学习能力：AI系统将更强地实现自主学习，通过少量示例或无监督学习快速适应新任务，减少对大量标注数据的依赖。
- 人机协作的提升：AI将更加有效地与人类合作，增强人类在各种领域的能力，如医疗、教育、科学研究和创意工作。
- 伦理和安全问题的关注：随着AI的普及，对AI伦理、隐私、安全等问题的关注将增加，开发出更安全、透明和负责任的AI系统将成为重点。

• 智能化的物联网：AI将与物联网技术深度融合，使设备和系统更加智能化，实现智能家居、智慧城市等应用场景。

• 增强现实和虚拟现实中的应用：AI将在增强现实（AR）和虚拟现实（VR）中发挥更大作用，提供更沉浸式的体验和个性化的交互。

• 量子计算的应用：随着量子计算技术的发展，AI可能利用量子计算的强大能力来解决目前难以处理的复杂问题，提升计算速度和效率。

• 跨领域集成：AI将与生物技术、材料科学、能源技术等领域融合，推动新技术的突破和创新。

• 普及化和民主化：AI技术将变得更加普及和民主化，更多的个人和小型企业能够利用AI工具和平台进行创新和创业。

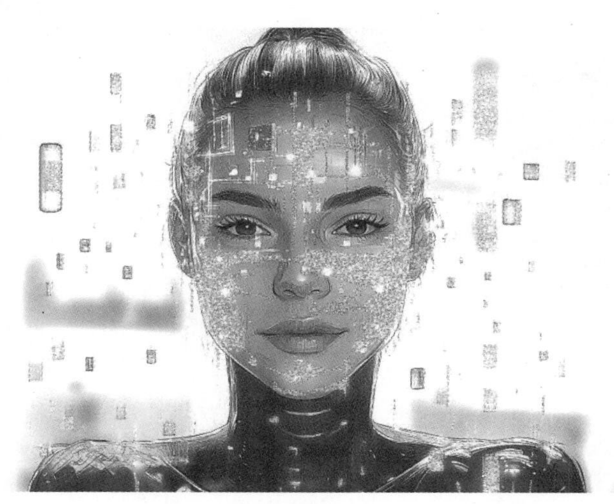

未来人工智能与人类智能将共同提升

24. 什么是算力?

算力的字面意思，大家都懂，就是计算能力。更具体来说，算力是通过对信息数据进行处理，实现目标结果输出的计算能力。

算力，作为衡量数据处理能力的关键指标，它涵盖了计算速度、数据存储以及数据传输等多个维度，直接关系到计算机系统在处理复杂任务时的效率和准确性。在人工智能、大数据分析、云计算等前沿科技领域，强大的算力是支撑这些技术实现突破和创新的基础。

从计算能力来看，算力体现在处理器（如CPU、GPU）每秒能够执行的操作次数上，这直接决定了系统处理数据的快慢。在人工智能领域，深度学习模型的训练和推理过程需要巨大的计算能力，尤其是在处理图像、视频和自然语言等复杂数据时，高算力意味着更快的模型迭代和更高的预测精度。

除了计算能力，存储能力和数据传输能力也是算力的重要组成部分。随着数据量的爆炸式增长，高效的存储解决方案和快速的数据传输网络成为确保系统稳定运行的关键。存储能力决定了系统能够容纳的数据规模，而数据传输能力则影响着数据的流通速度和系统的整体响应性。

不同的算力应用和需求，有着不同的算法。不同的算法，对算力的特性也有不同要求。通常，我们将算力分为两大类，分别是通用算力和专用算力。

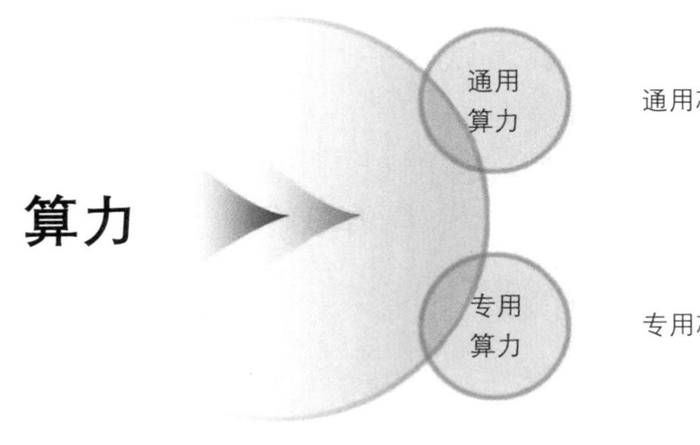

两种不同的算力

25. 什么是人工智能的三大核心要素?

人工智能的三大核心要素是数据、算法和计算能力。这三者相互依赖，共同推动着人工智能技术的发展和应用。

数据：数据是人工智能的基础，没有高质量、大规模的数据，人工智能就无法进行有效的学习和训练。数据的质量、多样性和量级直接影响到人工智能模型的性能。在数据收集和处理过程中，需要确保数据的准确性、完整性和代表性。数据预处理包括清洗、标注、归一化等步骤，目的是提高数据的质量，使之更适合算法处理。数据可以分为训练数据和测试数据，前者用于训练和优化算法，后者用于评估算法的性能。

算法：算法是人工智能的核心，它决定了模型如何从数据中学习规律和模式。算法的种类繁多，包括决策树、神经网络、深度学习等，以及监督学习算法、无监督学习算法、强化学习算法等。每一种算法都有其特定的应用场景和优势。例如，深度学习算法通过模拟人脑神经元结构，实现对大量数据的分类和识别，使得人工智能在图像识别、语音识别等领域取得了突破性进展。算法的选择和优化对模型的性能至关重要。

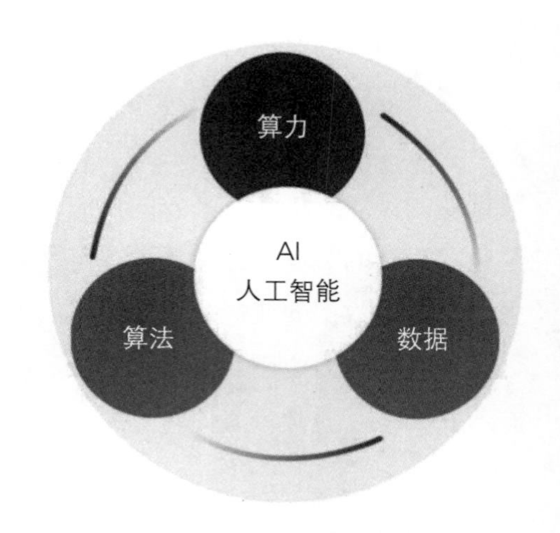

人工智能的三大核心要素

计算能力：计算能力是人工智能发展的驱动力。随着数据量的增加和算法的复杂化，对计算能力的需求也在不断增长。高性能计算资源，如GPU、FPGA、TPU等专门的芯片和硬件设备，以及云计算、集群计算等分布式计算技术，为人工智能提供了强大的计算支持。计算能力的提升可以加速模型的训练和推理过程，缩短研发周期，提高人工智能的应用效率。

26. ChatGPT背后的核心技术

ChatGPT的崛起，离不开自然语言处理与深度学习技术的深度融合。它基于Transformer（Transformer模型是由谷歌公司提出的一种基于自注意力机制的神经网络模型，主要用于处理序列数据。）这一前沿架构，通过运用大规模的无监督学习手段，精心打造了一个强大的神经网络模型。该模型在处理文本序列方面表现出色，能够深入探索语言的内部结构、语义内涵以及上下文联系。

在训练过程中，ChatGPT采用了自回归语言建模和掩码语言建模两种策略。前者通过利用上下文中的已知词汇来预测下一个词汇，从而把握语言的连贯性和概率分布；后者则随机遮盖输入文本中的部分词汇，让模型去预测这些被遮盖的词汇，以此学习词汇间的关联和语义表达。这些训练方法让ChatGPT模型能够自主掌握大量的语言知识和模式，从而在各类自然语言处理任务中展现出强大的实力。

当然，ChatGPT的成功还离不开OpenAI（OpenAI是一家位于美国旧金山的人工智能研究公司）对数据资源和计算能力的充分利用，以及对模型架构和训练策略的不断优化与改进。这些因素共同推动了ChatGPT在人工智能领域的蓬勃发展。

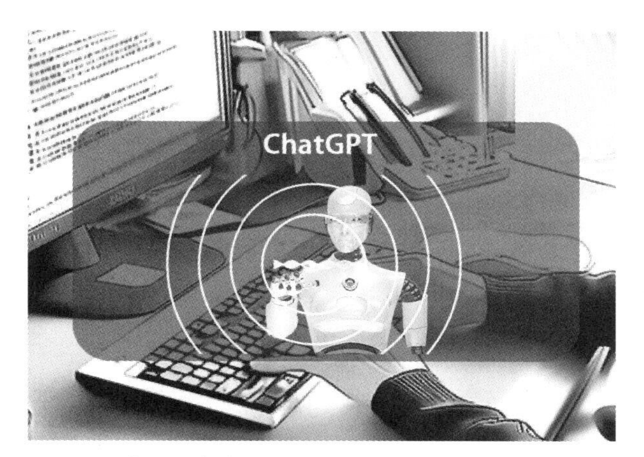

与人工智能聊天机器人ChatGPT聊天

27. 什么是神经元模型的三要素

ChatGPT聊天机器人的核心是大规模神经网络模型，神经网络模型是由神经元组成的，神经元有三个基本要素，包括：权重、偏置和激活函数。

权重：你可以把权重想象成神经元之间的“关系线”。这些线有的粗、有的细，粗的线表示两个神经元之间关系紧密（可能性大），细的线则表示关系不那么紧密（可能性小）。权重决定了信息在神经元之间传递时的“重要性”。

偏置：偏置就像是给神经元加的一个“小推手”。有时候，即使输入的信息很少，但因为有了这个“推手”，神经元也可能被激活。它帮助模型更好地分类数据，就像是给结果加了一个固定的调整值。

激活函数：激活函数就像是给神经元的输出加了一个“限制器”。它确保神经元的输出不会太大，也不会太小，而是保持在一个合理的范围内。比如，Sigmoid激活函数就像是一个“挤压器”，它会把任何大小的输入都“挤”到0到1之间，这样输出就不会失控了。

这三个要素一起工作，让神经网络能够学习和处理复杂的信息。

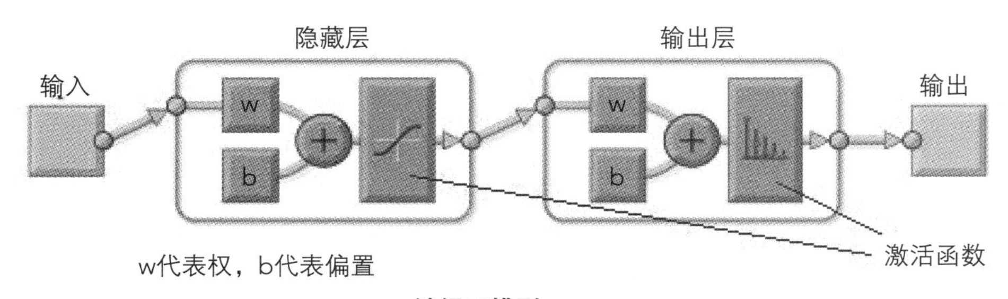

神经元模型

28. 直接或间接地影响着老百姓的日常生活的人工智能概念

在当今快速发展的科技时代，人工智能已经成为推动社会进步的重要力量。它不仅在高科技领域发挥着重要作用，直接或间接地影响着老百姓的日常生活。从智能家居到自动驾驶汽车，从医疗诊断到在线教育，人工智能的触角已经渗透到我们生活的方方面面。下面将归纳出那些与百姓生活息息相关的人工智能概念，揭示它们如何改变我们的生活方式，以及我们如何适应这一科技变革。

智能家居：通过AI技术实现的家庭自动化，如智能音箱、智能门锁、智能照明、智能家电等，可以通过语音控制或手机APP远程控制，提高家居生活的便捷性和安全性。

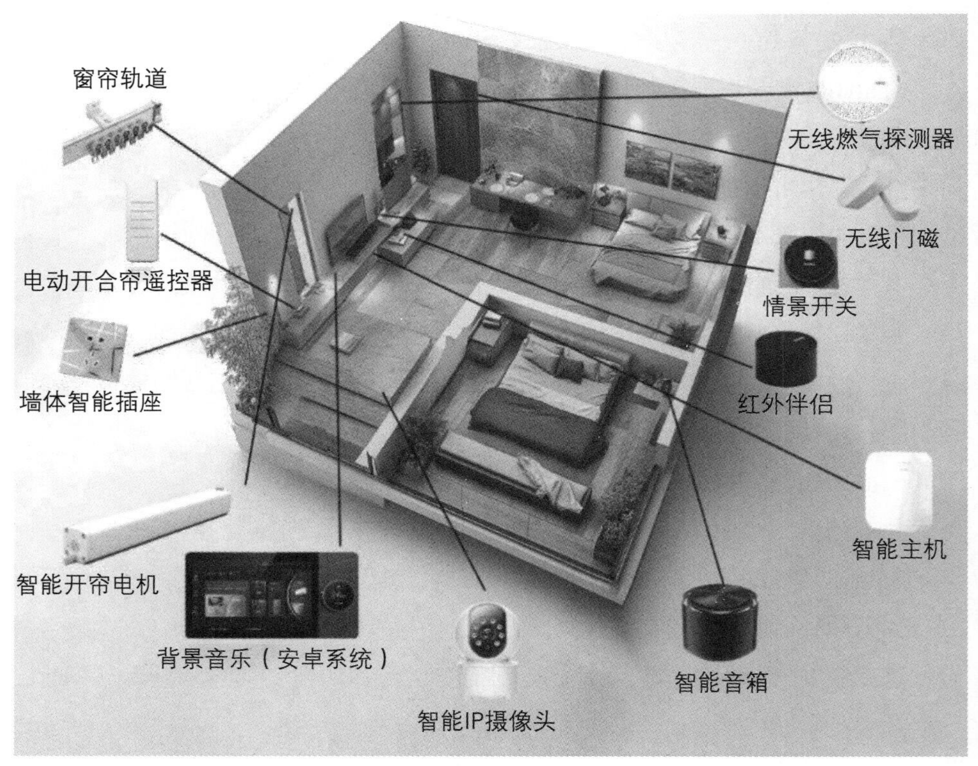

人工智能已经闯入了人们的日常生活

人脸识别：一种生物识别技术，广泛应用于支付验证、门禁系统、安防监控等领域，帮助提升个人身份验证的准确性和安全性。

自动驾驶：利用AI技术实现车辆自主驾驶，减少人为操作，提高行车安全，未来有望极大改变人们的出行方式。

智能医疗：包括AI辅助诊断、个性化治疗方案设计、远程医疗咨询等，通过大数据分析提高诊疗效率，降低误诊率，使医疗服务更加精准和便捷。

智能客服：利用自然语言处理和机器学习技术，提供24小时在线客户服务，快速响应并解决用户问题，提升服务体验。

语音助手：如Siri、小爱同学等，通过语音识别和合成技术，实现与用户的语音交互，帮助用户查询信息、设置提醒、控制设备等，成为日常生活中不可或缺的智能伙伴。

个性化推荐：基于用户行为和偏好，通过AI算法分析，提供个性化的商品、内容或服务推荐，如电商平台、视频网站的智能推荐系统。

智慧城市：运用AI技术优化城市管理，包括智能交通、环境监测、公共安全、能源管理等，提升城市运行效率和居民生活质量。

教育AI：利用AI进行个性化教学、智能评估、虚拟助教等，为学生提供更符合其学习节奏和能力水平的教育资源，促进教育公平和质量提升。

情感计算：通过分析人的面部表情、声音、文字等，理解和识别人的情绪状态，应用于人机交互、心理健康监测等领域，增强机器的智能性和人性化。

二 | 图解人工智能发展脉络

人工智能不再是科幻小说中的东西。近年来，人工智能取得了重大进展，机器现在能够执行曾经被认为是人类专属领域的任务。从自动驾驶汽车到虚拟助理，人工智能正在改变我们的生活和工作方式。

人工智能的发展不仅限于这些领域。医学诊断、金融分析、个性化推荐系统等也在快速进步。机器学习和深度学习算法使得计算机能够处理大量数据，发现复杂的模式和关系，从而在许多任务中有超过人类的表现。

然而，人工智能的发展也伴随着一些挑战。伦理问题、隐私保护以及人工智能对就业市场的影响都是亟待解决的问题。尽管如此，人工智能的潜力是巨大的，它正在以惊人的速度改变我们的世界。

从最初的理论研究到如今的实际应用，人工智能的发展历程充满了意想不到的挫折和极具开创性的突破。我们正处于一个前所未有的技术革命时代，人工智能将继续塑造我们的未来。

1. 快速理解人工智能发展历程

人工智能的发展历程充满了挑战和突破，每一步都推动着我们朝着更智能、更自动化的未来迈进。

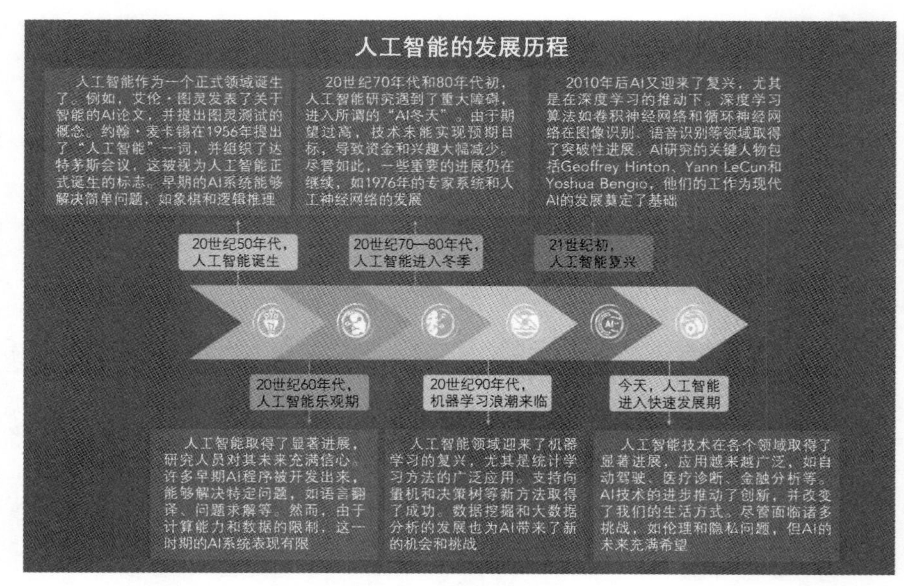

从梦想到现实：人工智能的发展历程

2. 人工智能的三大流派

人工智能领域中有三大主要流派，它们各自代表了不同的研究方法和哲学思考。

早期的人工智能研究主要集中在符号主义领域，约翰·麦卡锡（John McCarthy）、艾伦·纽厄尔（Allen Newell）、赫伯特·西蒙（Herbert Simon）等都是该流派的代表人物

符号主义，也称为逻辑主义或规则系统派，基于这样的假设：智能行为可以通过一系列符号和规则来表示和操作。这种流派受到逻辑学和数学的启发，强调知识的明确表示和逻辑推理

专家系统是符号主义的典型应用。这些系统使用人类专家的知识表示规则库，能够执行推理任务，如医学诊断、法律咨询等

人工智能之符号主义

联结主义在20世纪80年代得到了复兴，特别是由杰弗里·辛顿（Geoffrey Hinton）、扬·勒昆（Yann LeCun）、约书亚·本吉奥（Yoshua Bengio）等人的推动，他们在深度学习领域做出了重要贡献

联结主义，或称为神经网络派，模仿生物大脑的神经结构，通过大量简单单元（即神经元）的相互连接来实现智能行为。该流派认为智能来自这些神经元之间的联结及其权重的调整，而非预设的规则

神经网络模型尤其擅长图像识别、语音识别和自然语言处理等任务，如卷积神经网络（CNN）在计算机视觉中的应用，或递归神经网络（RNN）在序列数据处理中的应用

人工智能之联结主义

理查德·萨顿（Richard Sutton）和安德鲁·巴托（Andrew Barto）在强化学习方面的研究对行为主义流派产生了深远影响。近年来，强化学习与深度学习结合，发展出深度强化学习（DRL），进一步推动了该流派的发展

行为主义，又称为行为主义AI或强化学习派，强调智能行为是通过与环境的交互逐步学习的。该流派关注的是代理人如何通过与环境互动，利用反馈信号（如奖励或惩罚）来学习和适应

深度强化学习在游戏AI（如AlphaGo）机器人控制、自主驾驶等领域取得了显著成果，展示了通过学习策略来解决复杂问题的潜力

人工智能之行为主义

这三大流派代表了人工智能研究的不同方向，每个流派都有其独特的优点和应用场景。随着技术的发展，这些流派之间的界限越来越模糊。联结主义和行为主义的人工智能，从数据处理的角度看，包含了构造主义。从人工智能的棋类游戏简史来看，三大主义走向融合，随机模拟方法是一个非常重要的未来趋势，为了提升计算的效率，计算不寻求最优解，转而寻求满意解。

3. 深度学习与传统机器学习的对比

传统机器学习（Traditional Machine Learning）：传统机器学习是一种人工智能技术，依赖于算法和统计模型，通过数据进行学习和推理。它通常需要人工特征工程，即由人类专家对数据进行预处理和特征提取，之后模型才能学习这些特征与输出之间的关系。传统机器学习算法包括决策树、支持向量机（SVM）、k-最近邻（KNN）、朴素贝叶斯、线性回归和逻辑回归等。这些算法一般适用于规模较小、特征明确的问题。

深度学习（Deep Learning）：深度学习是机器学习的一个子领域，基于人工神经网络的结构，特别是深度神经网络（DNN）。它能够自动提取特征，适用于大规模数据集，特别是涉及图像、音频、自然语言等复杂模式识别的问题。深度学习通过多个层次的神经元来表示数据，从低层的简单特征到高层的复杂抽象，逐步提炼信息。典型的深度学习模型包括卷积神经网络（CNN）、循环神经网络（RNN）、生成对抗网络（GAN）和变分自编码器（VAE）等。与传统机器学习相比，深度学习在大数据环境下的表现尤为突出。

深度学习与传统机器学习的对比

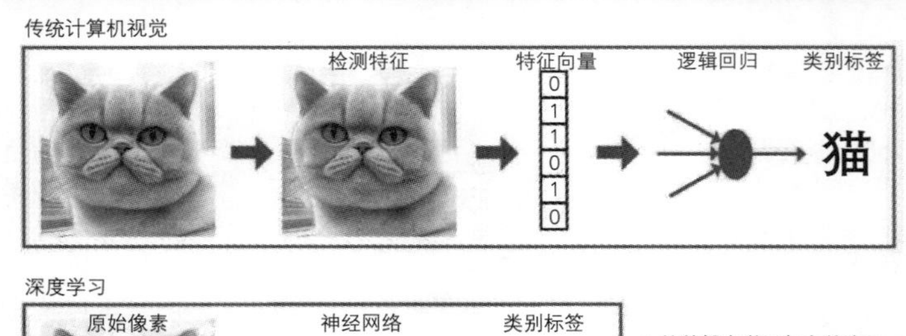

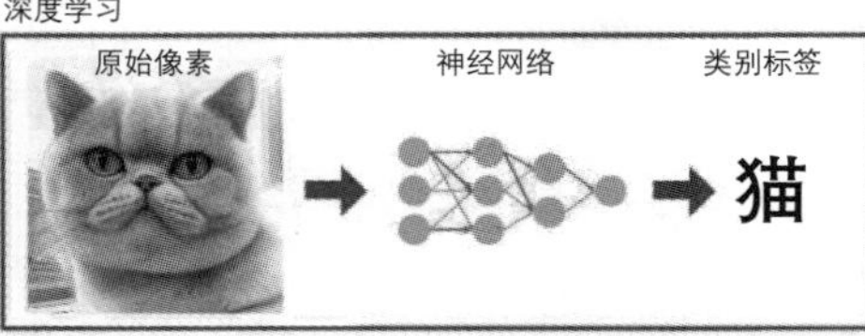

1.从数据中学习复杂的表示，
而浅层学习无法做到这一点。
2.通过直接从数据中学习，
减少手动特征工程的需求。
3.模仿日益复杂的生物智能。

图解深度学习与传统机器学习

|故事|一棵大树和它的年轻伙伴

从前，在一片繁茂的森林中，有一棵参天大树。它的名字叫“传统机器学习”。大树年迈而智慧，它的根深深扎入大地，枝叶茂盛，每一片叶子都记录着它丰富的经验。大树帮助森林里的动物们做出各种决策，它教会了小鹿如何找到水源，指导鸟儿辨别方向。所有的动物都依赖这棵大树，因为它知道如何处理各种复杂的问题。

一天，一个年轻的树苗出现在大树的旁边。这个树苗看起来与众不同，它的名字叫“深度学习”。年轻的树苗很快引起了森林里动物们的注意，它的枝叶还不多，但每一片叶子都闪烁着特别的光芒。虽然很年轻，但它生长得非常快，每天都在吸收大量的养分，学习如何做得更好。

起初，参天大树并没有在意这个树苗，它认为年轻的树苗还需要很长的时间才能真正为森林做出贡献。大树心想：“这棵树苗可能需要很多年才能像我一样强大和睿智。”

然而，随着时间的推移，树苗的生长速度让大树惊讶。年轻的树苗不仅学习得快，而且能够处理越来越复杂的任务。它能够理解更深层次的关系，甚至能够看见大树无法察觉的细微变化。

有一天，森林里出现了一个极其复杂的问题——如何在月光最微弱的夜晚帮助动物们找到安全的栖息地。大树尝试了它知道的各种方法，但最终都未能解决问题。这时，年轻的树苗深吸了一口气，集中所有的能量，展开了它那闪闪发光的叶子。奇迹发生了，年轻的树苗不仅成功地帮助动物们找到了安全的栖息地，还提供了更准确的路径。

大树看着这个年轻的树苗，心里充满了骄傲和敬佩。它意识到，虽然自己有丰富的经验和智慧，但年轻的树苗有着无穷的潜力和能力，能够解决以前无法解决的问题。

从此以后，大树和年轻的树苗成了最好的伙伴。大树继续为森林提供经验和指导，而年轻的树苗则用它的深度思考能力去探索新的领域，解决复杂的问题。他们一起守护着森林，为所有的动物带来了和平与繁荣。

| 结论与结果 |

深度学习与传统机器学习之间的关系就像这棵大树和年轻的树苗。传统机器学习依赖经验和规则，它们就像大树的根基，为我们提供了坚实的基础。而深度学习，则像那棵年轻的树苗，能够通过复杂的神经网络结构，挖掘出更深层次的数据模式，解决更加复杂的问题。两者互为补充，共同推动着人工智能的发展，为人类的未来带来了无限的可能。

4. 人工智能历史的关键阶段

人工智能经历了一个显著的演变，从一个推测性的概念转变为现代技术领域的一个关键组成部分。人工智能历史上的关键阶段，包括: 专家系统、机器学习、深度学习、基础模型。

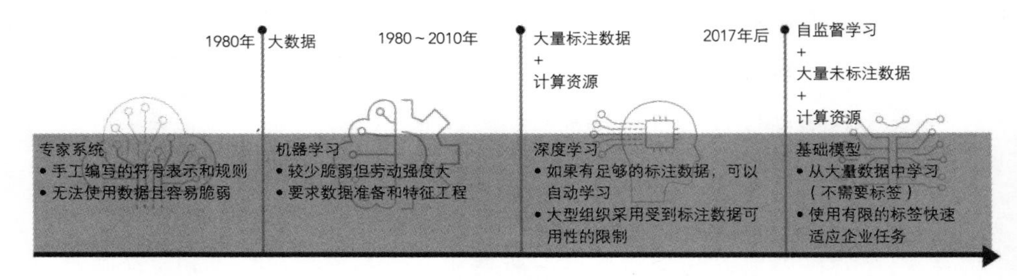

从起点到巅峰：人工智能历程的关键节点

5. 机器学习发展历程

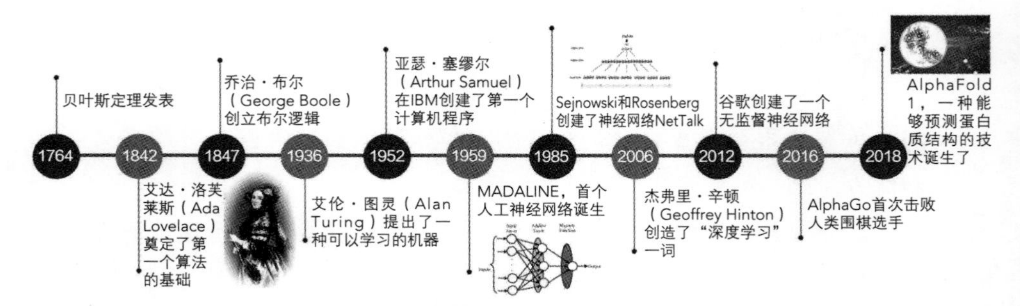

从统计方法到智能算法：机器学习的发展历程

6. 游戏人工智能（Game AI）的历史

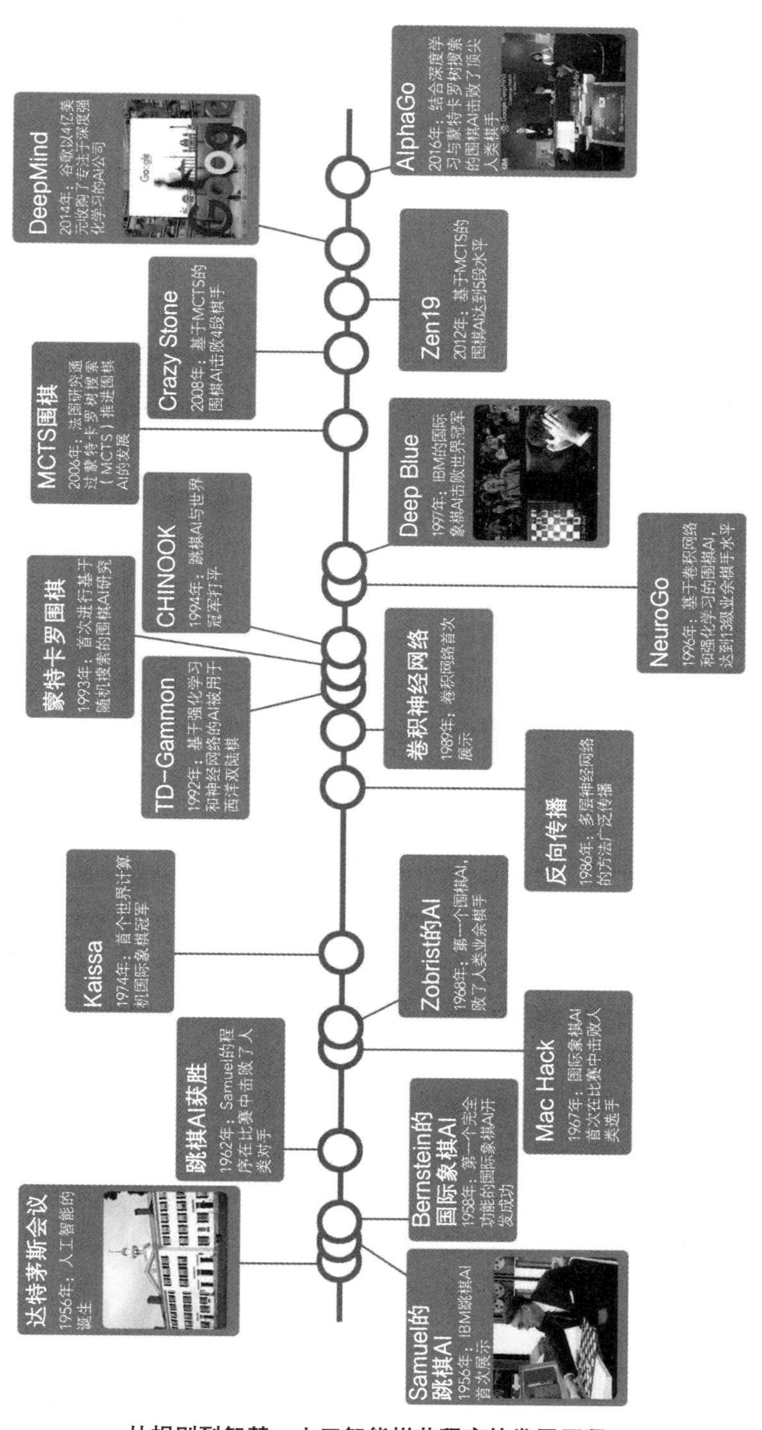

从规则到智慧：人工智能棋艺程序的发展历程

7. 神经网络的发展历程

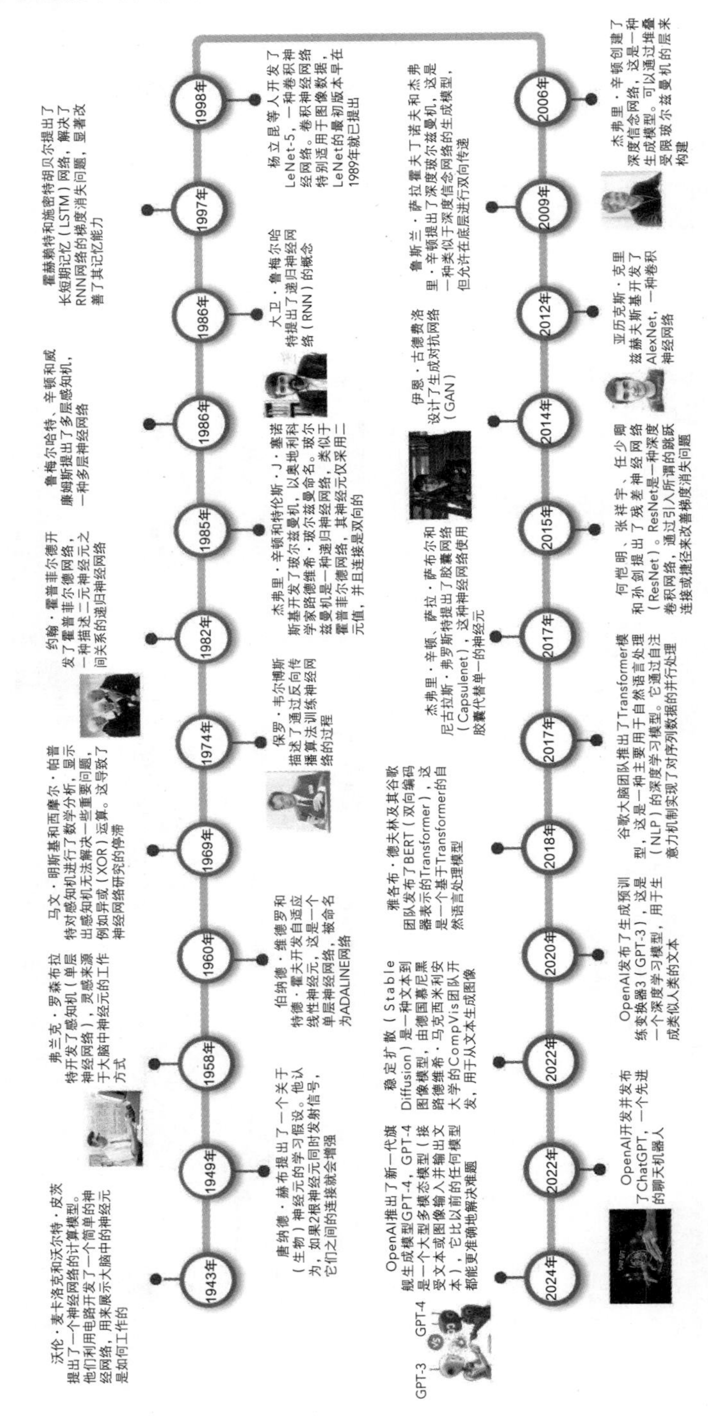

从感知机到深度学习：神经网络的发展历程

8. 大规模语言模型的发展历程

大型语言模型（LLM）拥有一段既迷人又深远的历史，其根源深深扎在20世纪60年代的科技土壤中。那时，第一个聊天机器人Eliza的诞生，如同一颗种子，为后来的自然语言处理（NLP）研究播下了希望的火种。Eliza，由麻省理工学院（MIT）的杰出研究员约瑟夫·维森鲍姆（Joseph Weizenbaum）精心设计，是一个虽简单却充满创意的程序。它利用模式识别技术，巧妙地将用户的输入转化为问题，再依据一组精心策划的规则生成响应，从而在一定程度上模拟了人类对话的精髓。尽管Eliza在对话的自然度和深度上仍有诸多不足，但它无疑为NLP研究开启了新纪元，并为之后更先进的大型语言模型的发展奠定了基石。

随着岁月的流逝，大型语言模型领域经历了数次革命性的飞跃。1997年，长短时记忆（LSTM）网络的引入，无疑是一个重要的里程碑。它使神经网络的构建变得更深、更复杂，从而能够处理更大规模、更复杂的数据集。紧接着，2010年斯坦福大学推出的CoreNLP套件，又为NLP研究提供了强大的工具箱。这套工具箱不仅包含了情感分析、命名实体识别等复杂任务的解决方案，还极大地推动了NLP技术的实际应用。

2011年，谷歌大脑（Google Brain）的横空出世，更是为NLP领域注入了前所未有的活力。它不仅提供了强大的计算资源和丰富的数据集，还引入了诸如词嵌入等前沿技术，使NLP系统对单词上下文的理解能力得到了显著提升。谷歌大脑的持续探索和创新，催生了诸如Transformer模型这样的革命性成果。Transformer架构以其独特的优势，使得更大、更先进的大型语言模型得以诞生，如OpenAI的GPT-3，它已经成为ChatGPT等众多令人瞩目的AI驱动应用的核心技术。

近年来，Hugging Face和BARD等解决方案的涌现，又为大型语言模型的发展注入了新的动力。它们通过创建用户友好的框架和工具，极大地降低了大型语言模型构建的门槛，使得更多的研究人员和开发人员能够参与到这一激动人心的领域中来。这些框架和工具不仅简化了模型训练的流程，还提供了丰富的预训练模型和示例代码，帮助用户更快地实现自己的创意和想法。可以预见的是，在不久的将来，大型语言模型将会在更多领域发挥巨大的作用，为我们带来更加智能、便捷的生活体验。

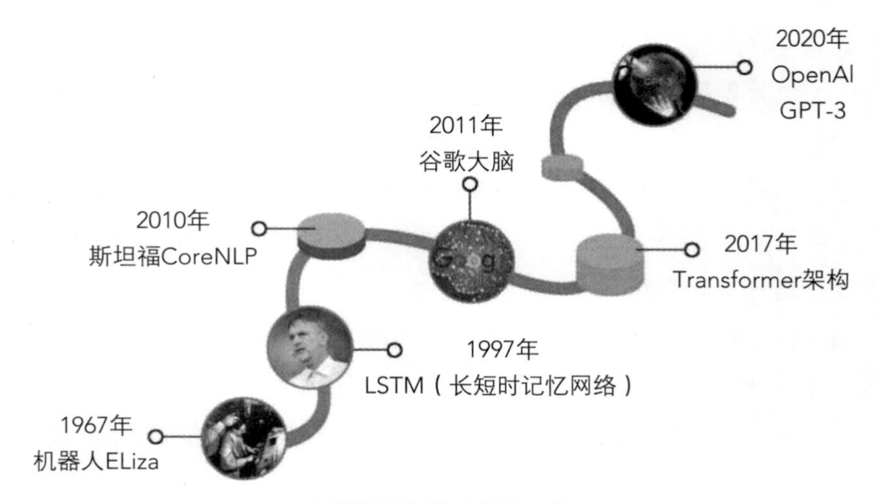

大规模语言模型发展历程

三 古人对人工智能的贡献

对人工智能的向往，不只是现代人的追求，其实古人已经为今天人工智能时代的到来做了很多铺垫或基础性的工作。那么到底古人做了多少贡献呢？也许远超我们的想象。古代的工匠和科学家在机械和自动化方面取得了许多令人惊叹的成就，这些成就为现代人工智能的萌芽提供了重要的基础。可惜的是，很多古代的智慧和发明在历史的长河中失传了，但那些留下来的成就依然闪耀着智慧的光芒，提醒我们古代科技的辉煌和智慧的深邃。

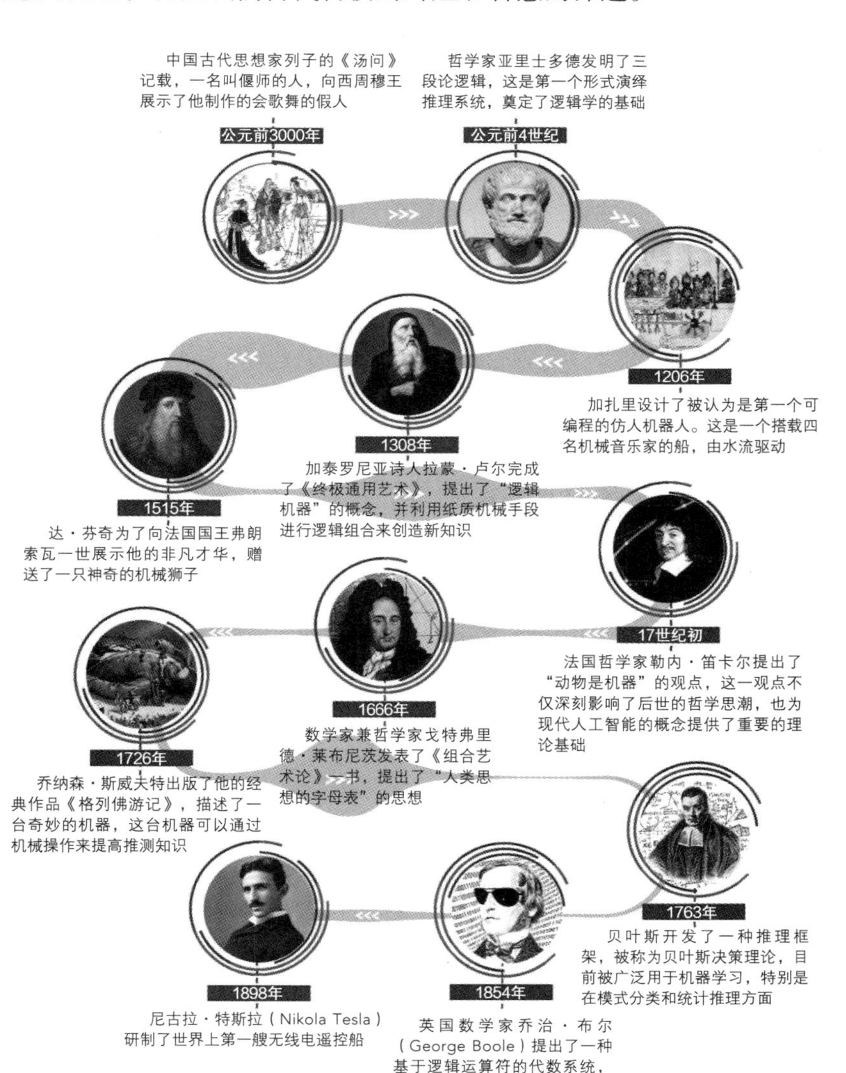

1. 3000年前的中国古代的人工智能

中国古代东周著名的思想家、哲学家列子的著作《汤问》中记载了一则关于“偃师献技”的故事。有一次，西周穆王遇见了一位来自洛邑的技师，名叫偃师。有一天，偃师带着一个穿着花花绿绿的假人来拜见穆王，并恭敬地说：“大王，这是我制作的一个会歌舞的人。”穆王见这个假人活灵活现，看起来和真人一模一样，便让假人开始表演。

表演即将结束时，只见那个假人不停地眨动眼睛，挑逗穆王左右的嫔妃。穆王勃然大怒，立刻命人把偃师推出去斩首。偃师吓得慌了，赶紧抓住那个还在卖弄风情的假人，把它大卸八块，给穆王看：原来这个假人是用一些皮革、木块、胶、漆等材料制成的。

穆王大为诧异，为了弄个明白，命人把假人的心脏摘去，假人立刻唱不出歌声了；把肾脏摘去，假人立刻不能走路了。穆王这才转怒为喜，感叹地说：“人的技巧竟能达到这般地步，真算是巧夺天工了！”

偃师送一个会跳舞的假人给西周穆王（左）和偃师拧剖开假人的胸膛（右）

2. 第一个形式演绎推理系统

公元前4世纪，伟大的哲学家亚里士多德发明了三段论逻辑，这是第一个形式演绎推理系统，奠定了逻辑学的基础。三段论逻辑由三个部分组成：大前提、小前提和结论。大前提是一般性的原则，小前提是一个特殊陈述，通过这两者的结合得出结论。

亚里士多德给出的经典“Barbara”三段论如下：

大前提：所有人都是必死的（普遍的一般性原理）。

小前提：苏格拉底是人（个别性的特殊陈述）。

结论：苏格拉底是必死的。

这个三段论清晰地展示了如何从普遍的原理推导出具体的结论，是逻辑推理的重要范例。

再比如：

大前提：所有热爱学习的人都是优秀的潜力股。

小前提：李杰是热爱学习的人。

结论：李杰是优秀的潜力股。

这种逻辑推理的方法不仅在哲学和科学中有重要应用，还为后来的许多领域奠定了基础。亚里士多德的三段论不仅在学术界得到了广泛应用，还在日常生活中帮助人们进行合理的推理和决策。

亚里士多德的三段论逻辑不仅影响了古希腊的哲学和科学发展，还对整个西方思想体系产生了深远影响。它成为中世纪经院哲学的重要工具，并在文艺复兴时期重新焕发活力，为现代科学的形成提供了基础。亚里士多德的逻辑学说被翻译成拉丁文，成为欧洲大学的标准教材，影响了一代又一代学者。

在人工智能领域，三段论逻辑的思想被引入推理机制，成为人工智能进行逻辑推理和决策的重要基础。例如，专家系统利用规则和推理机制模拟人类专家的决策过程，而这些规则和推理机制的基础正是源自亚里士多德的逻辑学说。

通过对三段论逻辑的研究和应用，科学家和工程师们能够设计出更加智能和复杂的系统，使计算机不仅能够处理数据，还能够进行推理和决策。这种推理机制在自然语言处理、知识图谱、机器人等领域得到了广泛应用，推动了人工智能的发展。

亚里士多德的三段论逻辑不仅是哲学史上的一座丰碑，也是现代科学和技术的重要基石。它展示了逻辑推理的力量，为我们理解世界提供了一种有力的方法。亚里士多德的思想穿越时空，仍然在今天的科技创新中发挥着重要作用，激励着我们不断探索未知，追求智慧。

思想家和哲学家亚里士多德

3. 第一个可编程机器人

加扎里（Al-Jazari）是一个杰出的阿拉伯博学者，兼伊斯兰学者、发明家、机械工程师、艺术家、数学家和天文学家于一身，他生活在伊斯兰黄金时代（中世纪）。他的著作《精巧机械装置的知识之书》，详细描述了50种机械设备及其制造方法。

在1206年，加扎里设计了被认为是第一个可编程的仿人机器人。这是一个搭载四名机械音乐家的船，由水流驱动。这艘机械船不仅展示了当时机械工程的高超水平，更展现了加扎里在编程和自动化领域的创新思维。这个机械装置通过控制水流的方式，使船上的机械音乐家能够演奏复杂的音乐，展示了早期可编程机械装置的概念。

加扎里的发明不仅仅是技术上的突破，也是文化和艺术的结晶。他的作品不仅展示了机械工程的复杂性，还结合了艺术和科学，使机械装置不仅具有功能性，还具有观赏性。这种结合在今天的机器人技术中依然可以看到，现代的机器人不仅需要高效的工作能力，还需要在设计上具有美感和人性化。

加扎里的影响远远超出了他的时代。他的机械装置不仅在当时受到高度赞赏，还对后来的欧洲文艺复兴时期的科学家和工程师产生了深远影响。许多现代机械工程的基本原理都可以追溯到加扎里的发明和他的《精巧机械装置的知识之书》。

今天，作为第一个可编程机器人的设计者，加扎里被誉为“机械工程之父”。他的发明不仅是技术史上的一个重要里程碑，也是人类智慧和创造力的象征。他的作品展示了在那个时代，通过不断地探索和创新，人类能够突破技术和艺术的边界，创造出前所未有的奇迹。加扎里的精神激励着一代又一代的工程师和科学家，继续在机械和自动化领域探索和创新。

加扎里设计的机械乐队

4. 第一个制造并利用“思维机器”产生新知识的人

1308年，加泰罗尼亚诗人、神学家拉蒙·卢尔（Ramon Llull）完成了《终极通用艺术》（The Ultimate General Art）。这部作品中，他提出了“逻辑机器”的概念，并利用纸质机械手段，通过简单逻辑进行组合，创造出新的知识方法。今天，他被公认为现代自由投票系统，以及计算机和计算理论的先驱之一。

拉蒙·卢尔的思维机器是由若干个纸盘或圆圈组成，每个圆盘上列出了不同的概念。这些概念包括上帝的属性，如善良、伟大、永恒、力量、智慧、爱、美德、真理和荣耀。这些圆盘可以旋转，通过不同的组合产生新的概念和思想，从而回答神学问题。

卢尔的逻辑机器不仅仅是一个思想实验，更是对人类认知和逻辑思维的一次突破性探索。他的机器通过预定义的逻辑规则，进行系统性的组合和推理，展现了早期形式逻辑的应用。这种方法在本质上与现代计算机的运作原理类似，奠定了计算和逻辑推理的基础。

卢尔的创新思想在他的时代显得尤为超前。他不仅提出了逻辑机器的概念，还在理论上探索了知识的系统化生成过程。这种思维方式对后来的科学家和哲学家产生了深远影响，为计算机科学和人工智能的发展铺平了道路。

卢尔的逻辑机器也为现代自由投票系统的设计提供了灵感。他的思想表明，通过系统化的逻辑推理和组合，可以实现公平和公正的决策过程。这种思想在现代民主制度和投票系统中得到了广泛应用，体现了卢尔对现代社会的深远影响。

他的思维机器不仅是中世纪思想的瑰宝，更是人类智慧和创新的象征。他的工作展示了逻辑和计算在知识生成中的重要性，为现代科学技术的发展提供了宝贵的理论基础。卢尔的精神激励着一代又一代的科学家和工程师，继续在逻辑和计算领域探索和创新，推动着人类文明的进步。

拉蒙·卢尔和他创造的纸盘思维机器

5. 达·芬奇设计制造了机械狮子

1515年，文艺复兴时期的巨匠达·芬奇为了向法国国王弗朗索瓦一世展示他的非凡才华，赠送了一只神奇的机械狮子。这只机械狮子不仅是一件精美的艺术品，更是达·芬奇机械工程智慧的结晶。传说，当有人对着机械狮子抽上三鞭，狮子的胸部会神奇地打开，露出一朵美丽的“鸢尾花”，这是法国的国花，也象征着达·芬奇对法国国王的敬意。这一机械狮子的设计和制造过程不仅展现了达·芬奇的工匠精神，还显示出他在机械和自动化领域的卓越天赋。

在这位大师去世500年后，一个复制达·芬奇机械狮子的“赝品”被重新制作出来，以纪念这位伟大的发明家。这只由木头、金属和绳索精心制成的机械狮子，高达6英尺7英寸（约2.01米），长9英尺10英寸（约3米），完全再现了原作的巧妙设计和复杂结构。今天，这只复刻的机械狮子正在巴黎的意大利文化研究所展出，吸引了众多游客和研究者前来观赏。

达·芬奇机械狮子的故事也提醒人们，技术和艺术之间并不存在不可逾越的鸿沟。相反，二者可以相辅相成，共同推动人类文明的进步。在达·芬奇的时代，他的发明和创作为后来的科学家和艺术家提供了丰富的灵感和宝贵的经验。

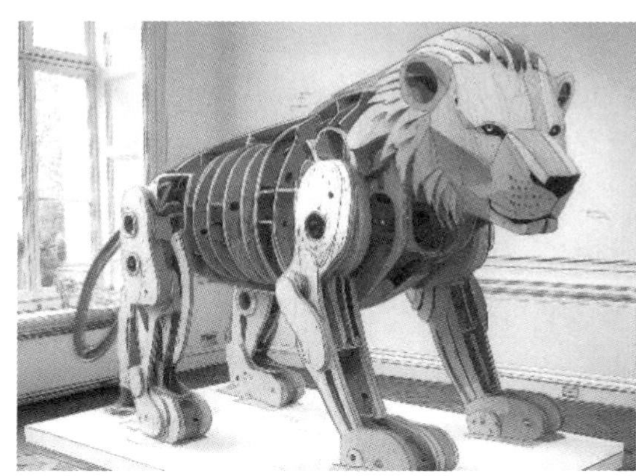

达·芬奇和他的机械狮子的复制品

6. 笛卡尔提出动物的身体不过是复杂的机器

虽然“人工智能”被视为是1956年以后才正式出现的工程科学领域，但在西方哲学史上，关于人工智能的设想和思考早已出现其萌芽。17世纪初，法国哲学家勒内·笛卡尔就提出了“动物是机器”的观点，这一观点不仅深刻影响了后世的哲学思潮，也为现代人工智能的概念提供了重要的理论基础。

笛卡尔认为，动物的身体不过是一种复杂的机器。就像时钟和自动装置一样，动物的机体也是由同样的机械规律所支配的。他指出，无理性的动物与人类没有本质上的区别，都是机械性的存在。动物无法享受快乐、疼痛或其他任何感觉，因为它们的行为完全是由物理和化学过程驱动的。这一观点打破了传统的生物学观念，开启了将生物体看作机械系统的全新视角。

笛卡尔的哲学思想不仅对机械论产生了深远影响，也启发了许多新兴学科的发展。早期的控制论、信息科学、计算机科学和人工智能研究的重要人物，如控制论先驱诺伯特·维纳、信息论创始人克劳德·香农、人工智能之父约翰·麦卡锡等，都将笛卡尔视为机械化认知的先驱。笛卡尔关于动物和人类机械性的理论为这些科学家的研究提供了丰富的哲学资源，使他们能够在机械和计算的领域中进行突破性的探索。

勒内·笛卡尔发明了分析几何，并将怀疑论作为科学方法的重要组成部分

在笛卡尔的哲学体系中，最著名的莫过于他的“我思，故我在”这一论断。这一结论出自他的《第一哲学沉思集》第二卷，被视为现代哲学的最高成就之一。笛卡尔通过这一命题，奠定了理性主义哲学的基础，强调思维作为存在的根本。笛卡尔的“心物二元论”在哲学史上引起了广泛讨论，这一理论认为心灵和物质是截然不同的两种实体，心灵是非物质的，具有思维能力，而物质则是机械的，没有意识。

尽管笛卡尔的“心物二元论”在现代科学中受到了挑战，但这一思想对人工智能的研究仍具有深远的影响。人工智能的发展仍然摆脱不了笛卡尔提出的“心物二元论”的思维框架。现代人工智能试图模拟人类的思维过程，将思维视为可以通过机械和计算实现的功能，这正是笛卡尔机械论思想的延续。在某种程度上，人工智能的发展是在尝试解决笛卡尔所提出的问题，即如何将机械系统与思维能力结合起来，创造出具有智能行为的机器。事实上，人工智能的发展不仅是一项技术挑战，更是一场深刻的哲学革命。

7. 戈特弗里德·莱布尼茨与人类思想的字母表

1666年，数学家兼哲学家戈特弗里德·莱布尼茨发表了《组合艺术论》一书，这部作品成为他思想体系的重要基石之一。在书中，莱布尼茨追随拉蒙·卢尔的脚步，提出了一个具有深远意义的概念：人类思想的字母表。他认为，所有的概念都可以视为少量简单概念的组合，正如单词是字母的组合一样。这一思想不仅继承了卢尔的逻辑机器理念，也受到了笛卡尔的哲学启发。

莱布尼茨的“人类思想的字母表”是一个试图将所有知识和真理系统化的宏大计划。他相信，所有的真理都可以通过概念的适当组合来表达，而这些复杂的概念又可以分解成更简单的基本单元，使分析变得更加容易。这种方法不仅有助于逻辑分析，还提供了一种新的发明逻辑的途径，而不是仅仅依赖于传统的演示逻辑。

莱布尼茨在此基础上进一步发展，提出了一个更加系统化和结构化的思想框架。他的目标是创造一个通用的符号语言，使得复杂的逻辑和数学问题可以通过简单的符号操作来解决。在莱布尼茨的框架中，句子被视为由主语和谓语组成。通过分析每个主语和谓语的组合，他试图找出适用于给定主题的所有谓词，或者找出所有适合一个给定谓词的主语。

莱布尼茨的思想不仅在理论上具有重要意义，也在实践中展现出巨大的潜力。他的“人类思想的字母表”概念为现代信息科学和人工智能的研究提供了启发。通过将复杂的问题分解为简单的基本单元，并利用符号和逻辑进行系统化的操作，莱布尼茨的理念在某种程度上预示了计算机程序设计和算法的基本原理。

莱布尼茨的贡献不仅限于逻辑和哲学领域，他还在数学、物理学和其他科学领域取得了显著成就。他的二进制系统和微积分的发明对现代科学的发展产生了深远的影响。莱布尼茨不仅是一个伟大的哲学家和数学家，也是一个跨学科的博学者，他的思想和理论为后世的发展提供了丰富的资源和灵感。

总之，莱布尼茨的“人类思想的字母表”是一个具有深远意义的概念，它不仅继承了拉蒙·卢尔和笛卡尔的哲学传统，也为现代逻辑学、计算机科学和人工智能的发展提供了重要的理论基础。通过系统化和结构化的分析方法，莱布尼茨的思想继续影响着我们的认知和科学探索，为我们理解和解决复杂问题提供了新的视角和工具。

1690年印刷的《组合艺术论》书的正面

8. 乔纳森·斯威夫特的《格列佛游记》与拉普塔岛上的思维机器

1726年，乔纳森·斯威夫特（Jonathan Swift）出版了他的经典作品《格列佛游记》（Gulliver’s Travels），这本书不仅是一部引人入胜的冒险故事，更是一部充满社会讽刺和哲学思辨的文学巨著。在书中，斯威夫特描绘了一个名为拉普塔岛的奇幻之地，在那里，他详细描述了一台奇妙的机器——Engine。

在斯威夫特的描述中，这台机器被设计用来通过机械操作来提高推测知识。它通过一系列复杂的机械装置，将抽象的思维过程物化为具体的操作，使得使用者无须深厚的学术背景或天才的智慧，只需付出一点体力劳动和合理的费用，就可以生成哲学、诗歌、政治、法律、数学和神学等领域的书籍。

斯威夫特通过这台机器，巧妙地揭示了他对机械化知识生产的怀疑和批判。他质疑，是否真的可以通过纯粹的机械操作来创造真正的智慧和知识？是否可以忽视人类思维和创造力的独特价值？

斯威夫特的这一设想，实际上讽刺了拉蒙·卢尔和戈特弗里德·莱布尼茨等思想家的理念。这些先驱者都曾尝试将人类的思维过程机械化、系统化。拉蒙·卢尔在13世纪提出的“逻辑机器”，通过旋转纸盘来组合概念，从而产生新的知识。莱布尼茨在17世纪进一步发展了这一思想，提出了“人类思想的字母表”，并尝试用简单概念的组合来表达所有真理。

《格列佛游记》

9. 第一个机器学习方法诞生于18世纪

18世纪，英国数学家和神学家托马斯·贝叶斯（Thomas Bayes）提出了贝叶斯定理，这成为现代概率论和统计学的基石。他的工作奠定了贝叶斯推理的基础，提供了一种动态更新事件概率的方法。

1763年，贝叶斯开发了一种推理框架，被称为贝叶斯决策理论。该理论使用先验知识和新数据来更新事件概率，这种方法在今天被广泛用于机器学习，特别是在模式分类和统计推理方面。

贝叶斯方法通过结合已有的先验概率和新证据，计算出后验概率，使得机器能够在复杂和不确定的环境中做出有效决策。它在自然语言处理、图像识别和推荐系统等领域有着广泛应用。

托马斯·贝叶斯的贡献不仅在于他的理论工作，还在于他为后世提供了一种强大的工具，推动了人工智能和机器学习的发展。

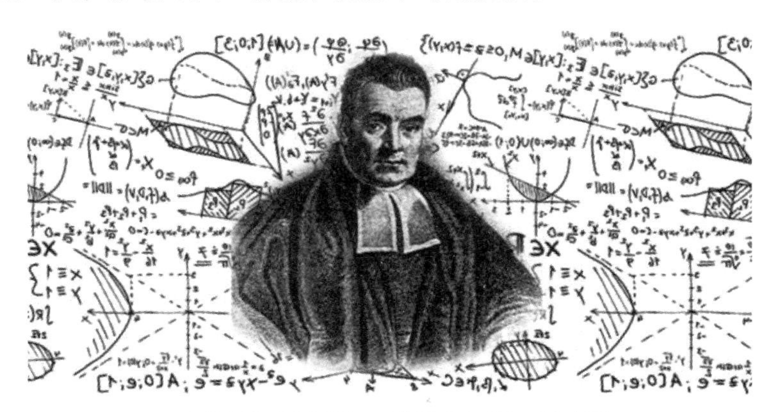

18世纪英国神学家、数学托马斯·贝叶斯

10. 符号逻辑运算理论体系诞生于19世纪

1854年，英国数学家乔治·布尔（George Boole）出版了《思维规律的研究》，开创了符号逻辑运算的理论体系。他提出了一种基于逻辑运算符的代数系统，称为布尔代数，认为逻辑推理可以像解方程一样系统化地进行。

布尔代数通过使用二进制变量和简单的逻辑运算符，如“与”“或”“非”等，来表达复杂的逻辑关系。这一理论为设计和构建计算机软硬件提供了基础。现代计算机CPU的所有运算都是基于布尔代数进行计算的，数字电路中的逻辑门也依赖于布尔代数来实现基本操作。此外，人工智能推理底层程序同样基于布尔代数。

布尔的工作不仅为数学和逻辑学带来了革命性变化，还为信息技术的发展奠定了基础。今天，布尔代数在计算机科学、电子工程和人工智能等领域中起到了至关重要的作用。乔治·布尔的贡献使得我们能够在现代技术的各个方面进行有效的逻辑推理和计算。

英国数学家乔治·布尔，他建立的逻辑代数是数字计算机电路设计的基础

11. 乔治·布尔：从鞋匠之子到逻辑代数之父

在19世纪的英国，有一位名叫乔治·布尔的数学家，他的故事充满了传奇色彩。布尔于1815年11月2日出生在英国林肯郡的林肯市，他的家庭并不富裕，父亲是一位鞋匠。布尔从小就对数学有着浓厚的兴趣，但遗憾的是，由于家境贫寒，他无法接受正规的数学教育，只能依靠自学来探索这个充满奥秘的领域。

布尔的少年时期充满了艰辛。他在17岁左右时，由于家庭原因不得不放弃自学，开始考虑工作。他考虑过承袭父业做一名鞋匠，也考虑过做牧师，还在当地的学校做过兼职授课。然而，他最终选择了自己创办一所学校，以教书为生。在1835年，布尔创立了一所小学校。在备课的过程中，他深入研究了当时主流的数学热点，如微分、变分等知识，并发表了一些自己的论文，逐渐与主流数学界建立了联系。

布尔的学术生涯真正起步于他对逻辑学的深入研究。在1847年，他出版了《逻辑的数学分析》一书，这是他对符号逻辑的第一次重要贡献。在这本书中，他提出了代数逻辑的基本原理，并引入了布尔代数的概念。布尔代数是一种用于处理逻辑问题的代数系统，它构成了现代计算机逻辑运算的基础。然而，这本书在当时并没有引起足够的重视，布尔的工作也没有被主流数学界所认可。

尽管如此，布尔并没有放弃他的研究。在1849年，他被任命为爱尔兰皇后学院的数学教授，这为他提供了更好的研究环境和资源。在这个新职位上，他继续研究和发展他的代数逻辑理论，并开始应用逻辑原理解决实际问题，特别是在工程和电信领域。他的努力终于得到了回报，在1854年，他出版了《思维规律的研究》一书，这是他最著名的著作。在这本书中，他详细介绍了布尔代数，并提出了逻辑运算符的符号化表示，引入了逻辑表达式的形式化表示方法。这一发现奠定了计算机科学和人工智能领域的基础，为逻辑电路和计算机编程的发展做出了重要贡献。

然而，布尔的生活并不是一帆风顺的。1864年，他的妻子玛丽亚去世，这使他陷入了深深的悲痛之中。同时，他自己也面临着身体上的困扰，他被诊断出患有肺病。尽管如此，他依然坚持在学术领域中工作，直到他于1864年12月8日去世。布尔的逝世标志着代数逻辑理论失去了一位伟大的奠基人，但他的思想却永远地留在了人们的心中。

布尔的贡献不仅在数学领域得到了认可，在计算机科学和人工智能领域也产生了深远的影响。他的代数逻辑理论成为了现代逻辑学的基石，而他的思想也为计算机科学的发展奠定了基础。他被誉为计算机科学的先驱之一，并被广泛认为是19世纪最重要的数学家之一。甚至月球上还有一个陨石坑以他的名字命名，以表彰他在科学领域的杰出贡献。

乔治·布尔虽然出身贫寒、没有接受过正规的教育，但他拥有坚定的信念，并不懈努力，从而创造出属于自己的辉煌。他的精神将永远激励着后人不断前行，探索未知的领域，为人类的进步和发展做出更大的贡献。

爱尔兰皇后学院于1908年改名为 University College Cork（UCC），为纪念布尔，UCC 建立了一个“布尔信息研究中心”和布尔纪念头像

12. 世界第一艘无人遥控船诞生

尼古拉·特斯拉（Nikola Tesla），塞尔维亚裔美国人，是一位著名的机械工程师和实验物理学家，被认为是电力商业化的重要推动者。他最为人知的是设计了现代交流电供电系统。特斯拉在电磁场领域有多项革命性的发明，他的专利和理论研究为现代无线通信和无线电奠定了基础。今天，特斯拉的名字甚至被用于埃隆·马斯克的电动汽车公司，以纪念他的贡献。

1898年，在麦迪逊广场花园举行的电气展览会上，特斯拉展示了世界上第一艘无线电遥控船。这艘船是由电波控制的，按照特斯拉的描述，船只拥有“借来的思想”。这一发明标志着无线控制技术的诞生，为未来的遥控设备和无人驾驶技术铺平了道路。特斯拉的展示不仅震惊了观众，也为现代遥控技术的发展提供了灵感和基础。

尼古拉·特斯拉展示了他发明的无线电遥控船

13. 尼古拉·特斯拉：电流巫师与他的电之梦

在19世纪末的欧洲，有一位名叫尼古拉·特斯拉的塞尔维亚裔年轻人，他拥有一双仿佛能洞察未来世界的眼睛和一颗对未知世界充满好奇的心。特斯拉出生于1856年的克罗地亚，一个风雨飘摇的年代，但他的出生却仿佛预示着某种非凡的命运。

从小，特斯拉就展现出了对机械和物理的浓厚兴趣。他常常在脑海中构想各种奇妙的机器，甚至在梦中都能感受到电流在指尖跳动的快感。然而，他的求学之路并不平坦。由于家境贫寒，特斯拉只接受了短暂的正规教育，但他凭借自学，逐渐掌握了高等数学、物理学和机械工程学的知识。

特斯拉的才华很快得到了认可。在匈牙利，他获得了布达佩斯理工学院的奖学金，开始系统地学习电气工程。然而，他真正的舞台却在遥远的美国。1884年，特斯拉带着对未来的憧憬和对科学的热爱，踏上了前往美国的轮船。

在美国，特斯拉迅速崭露头角。他先是在爱迪生电灯公司工作，但很快便因为与爱迪生在直流电问题上的分歧而离开。特斯拉坚信交流电才是未来的趋势，他决心用自己的智慧和努力来证明这一点。

特斯拉的实验室成了他施展才华的舞台。在这里，他发明了许多令人惊叹的电气装置，如无线电控制系统、变压器和电动机等。他的交流电发电机和变压器更是革命性地改变了电力工业的面貌，使电能够更高效地传输和分配。

然而，特斯拉的发明之路并非一帆风顺。他面临着来自各方的质疑和阻挠，甚至一度陷入贫困和孤独之中。但正是这些困境，激发了他更加坚定的信念和创造力。他坚信自己的发明能够造福人类，为此他不惜倾尽所有，甚至冒着生命危险进行各种实验。

特斯拉的发明不仅改变了电力工业，也为人类的进步和发展做出了巨大贡献。他的无线电技术为通信事业奠定了基础，而他的无线电控制系统更是为后来的无线电导航和遥控技术提供了灵感。然而，特斯拉的贡献远不止于此。他还是一位伟大的梦想家，他的脑海中充满了各种奇妙的设想和计划，如全球无线通信网络、空中交通管制系统和太阳能发电站等。

特斯拉的一生充满了传奇色彩。他被誉为“电流巫师”，因为他仿佛能够掌控电流的力量，将无形的电能转化为推动人类进步的强大动力。他的发明和设想不仅在当时引起了轰动，也为后来的科学技术发展提供了宝贵的启示和借鉴。他用自己的才华和努力证明了人类的智慧和创造力是无穷的，只要我们敢于梦想、勇于探索，就一定能够创造出更加美好的未来。

尼古拉·特斯拉的成就和创新不仅在他的时代就已经令人惊叹，
而且在今天仍然被广泛认可和尊敬

14. 中国古代的人工智能

在中国的悠久历史中，充满了智慧与创造力的璀璨星光，这些星光映照在中国古人的“人工智能应用”的奇妙世界中，展现了古人的卓越成就。让我们踏上时光的旅程，探寻那些闪耀着智慧光芒的故事。

在公元前5世纪的春秋时期，有一位名叫鲁班的天才工匠。据说他用木头打造了一只栩栩如生的鸟，这只木鸟不仅能展开翅膀，还能在空中飞翔三天三夜。鲁班的发明不仅是工艺的奇迹，更是早期机械自动化的典范，展现了古代工匠在仿生学和机械设计上的高超技艺。

鲁班正在打造一只木鸟

东汉时期，公元132年，张衡，这位杰出的科学家，创造了世界上最早的地动仪。地动仪巧妙地利用了机械装置，能够在地震发生时自动指示地震的方向。这个发明不仅是对地震预警技术的突破，更是机械自动化应用的光辉范例。

张衡与他的地动仪

北宋时期，公元1092年，苏颂设计并建造了水运仪象台。这座高耸的天文钟塔，结合了钟表技术和天文学。仪象台通过水力驱动，展示了天文观测和时间测量的自动化，成为世界上最早的天文钟塔。苏颂的发明，让时间与天文在机械的舞台上共舞，展现了古代中国在科学与技术上的卓越智慧。

苏颂发明的水运仪象台

在公元3世纪的三国时期，诸葛亮，这位智慧超群的军事家，设计了木牛流马。这些机械化的运输工具，利用简单的机械原理，能够自动行走，帮助军队在崎岖的道路上运送物资。诸葛亮的发明不仅在战争中发挥了重要作用，还展示了机械自动化的潜力。

诸葛亮设计了木牛流马

战国时期，公元前4世纪的墨家，则在攻守机械方面展现了非凡的才能。他们设计的云梯、投石机等机械，成为战争中的重要工具，展示了机械工程和自动化在军事上的应用。墨家的攻守机械，不仅是战争中的利器，也是机械创新的杰作。

中国古代的投石机

南朝时期，公元5世纪，祖冲之，这位杰出的数学家和天文学家，发明了水运浑天仪。这是一种利用水力驱动的天文观测仪器，能够模拟天体的运行，用于精确的天文学研究。祖冲之的发明，不仅是天文学的里程碑，也是自动化技术的辉煌成就。

祖冲之发明的水运浑天仪

丨四丨人工智能的孕育期

在20世纪上半叶，人造人的概念在许多媒体作品中频繁出现，激发了广泛的关注和讨论。这些作品如此之多，以至于科学家们开始认真地探讨一个问题：有可能创造一个人造大脑吗？一些作者甚至制作了早期版本的“机器人”，尽管它们大多数相对简单。这些机器人通常是蒸汽驱动的，有些能够做出面部表情，甚至可以行走。

1900年

在巴黎举行的国际数学家大会上，德国数学家大卫·希尔伯特发表了题为“论数学问题”的演讲，这些问题推动了数理逻辑的发展，并为计算理论奠定了基础

1914年

托雷西·奎维多在马德里建造的一台自动机，也被称为第一款电脑游戏机诞生

1921年

捷克剧作家卡雷尔·恰佩克创作了戏剧《Rossum's Universal Robots》，剧中主人公是一个机器人。此后，英语便采用了“robot”一词来指代这种没有生命的机器装置

1925年

第一辆无人驾驶汽车诞生了，命名为“American Wonder（美国奇迹）”

1927年

科幻电影《大都会》上映。这部电影的主角之一是一个模仿农村女孩玛丽亚的机器人

1929年

日本制造的第一款名为“学天则”的机器人，“学天则”意为“学习自然规律”，这标志着东方机器人的开端

1943年

麦卡洛克和皮茨发表了一篇颠覆性的论文《神经活动内在思想的逻辑演算》。首次提出了“McCul loch-Pitts神经元”模型

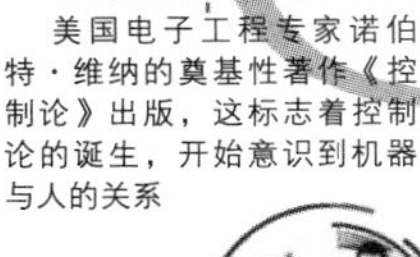

1948年

美国电子工程专家诺伯特·维纳的奠基性著作《控制论》出版，这标志着控制论的诞生，开始意识到机器与人的关系

1949年

数学家兼精算师埃德蒙·伯克利出版了《思考的巨脑或机器》。这本书在电子计算机历史上占据了重要位置，为公众理解和接受计算机技术提供了有价值的视角

1949年

香农发表了一篇开创性论文，题目为《为下棋的计算机编程》，标志着第一个计算机象棋博弈程序诞生了

1950年

唐纳德·赫布（Donald Hebb）出版了《行为组织：神经心理学理论》一书。在书中，赫布提出了一种关于学习算法，现在被称为“Hebb学习算法”

这一时期的机器人，尽管在技术上相对原始，却展示了当时科学家和工程师的创造力和想象力。这些机械装置不仅体现了当时的工程水平，还预示了未来科技发展的潜力。通过这些早期的尝试，人类逐渐开始探索如何将机械和电子技术结合起来，模仿人类的行为和反应，为后来的机器人和人工智能技术奠定了基础。

1. 人工智能萌芽起源于数学

1900年，在巴黎举行的国际数学家大会上，德国数学家大卫·希尔伯特发表了题为“论数学问题”的演讲。在演讲中，他提出了该领域一些尚未解决的问题，这些问题随后发表在大会会议记录中，并形成了一系列被称为“希尔伯特问题”。

“希尔伯特问题”包含了23个数学难题，而其中的第二个问题和第十个问题则与人工智能的发展密切相关，并最终促成了计算机的发明。第二个问题涉及数学公理系统的一致性，而第十个问题则涉及可解性问题的算法。这些问题推动了数理逻辑的发展，并为计算理论奠定了基础。

希尔伯特曾在德国广播中说：“介于理论与实践、思想与观察之间的工具是数学。我们整个当今文化，就其建立在对自然的智慧洞察和利用之上而言，是建立在数学之上的。”这句话强调了数学在理解和应用自然规律中的关键作用。

早在400年前，伽利略就曾说过：“只有学会了大自然与我们说话的语言和符号，才能理解大自然；但这种语言是数学，它的符号是数学数字。”伽利略的观点与希尔伯特的思想遥相呼应，强调了数学作为科学探索和理解自然的基础性地位。

希尔伯特和伽利略的观点不仅在他们各自的时代引起了巨大反响，也对后世的科学研究产生了深远影响。正是这种对数学基础和应用的重视，推动了计算机科学的发展，使得人工智能成为可能。从希尔伯特的问题到图灵机的概念，再到现代计算机和AI技术的诞生，数学始终是这段科学发展历程中的核心驱动力。

1932年大卫·希尔伯特在进行广播发言

2. 第一款电脑游戏机诞生

西班牙工程师莱昂纳多·托雷西（也泽为托雷斯）·奎维多（Leonardo Torres y Quevedo）是19世纪末20世纪初最伟大的发明家之一。他的作品极具创造力，涉足航空、自动化和代数等多个领域。他发明了一种自动计算机器，能够计算任何等级方程的根。

托雷西在马德里建造的一台自动机，是人类最早的能够下棋的自动机器之一。该设备可以被认为是历史上第一款电脑游戏。1914年，当它在巴黎大学首次亮相时，引起了极大的轰动。1951年，在巴黎控制论大会上，这台自动下棋机因为击败了一位象棋大师，再次引发了广泛关注。

托雷西的发明不仅展示了当时工程技术的高度，也预示了未来计算和自动化技术的发展方向。他的自动下棋机是早期人工智能和计算机技术的重要里程碑，展示了机器在解决复杂问题和模拟人类智力方面的潜力。

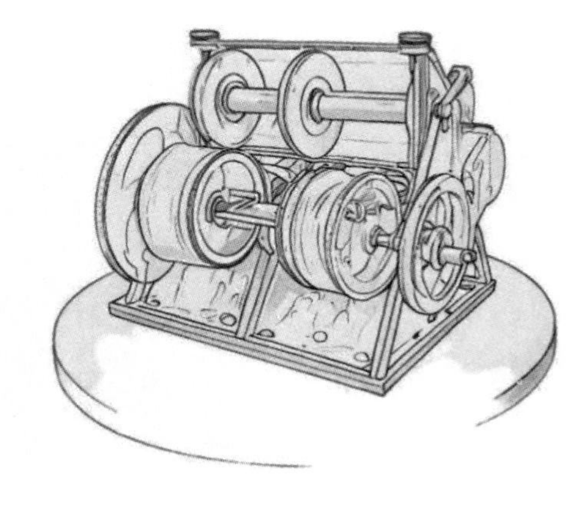

托雷西（左）和世界第一个自动计算器（右）

1951年，托雷西的儿子贡萨洛（右）
在巴黎控制论大会上向诺伯特·维纳展示自动机

3. 机器人“robot”单词是怎样造出来的?

英语中的“robot”（机器人）一词，来源于捷克语的“robota”，“robota”表示工作或奴役的意思。1921年，捷克剧作家卡雷尔·恰佩克创作了科幻舞台剧《宇宙机器人》（《R.U.R.，Rossum’s Universal Robots》），该剧于1923年在伦敦公演。剧中的主人公是一个由机器组装而成的没有生命的机器人。此后，英语中便采用了“robot”一词来指代这种没有生命的机器装置。

“robot”一词的形容词形式“robotic”是由美国科学家、著名科幻作家艾萨克·阿西莫夫于1941年创造出来的。阿西莫夫在他的科幻小说中广泛使用了这一术语，并提出了著名的“机器人三定律”，为机器人伦理和行为规范奠定了基础。这些贡献不仅丰富了语言，还深刻影响了机器人学和人工智能的发展。

1921年捷克作家卡雷尔·恰佩克的科幻舞台剧《宇宙机器人》

4. 第一辆无人驾驶汽车诞生了

第一辆无人驾驶汽车诞生于1925年。那年，美国无线电设备公司Houdina Radio Control发布了一款利用无线电进行自动驾驶的汽车，命名为“American Wonder（美国奇迹）”。这辆车在纽约市的街道上行驶，并在百老汇大街和第五大道上展示了其自动驾驶能力。另一辆车的操作员尾随其后，通过无线电控制它的转弯、加速、减速和按喇叭。然而，不幸的是，“美国奇迹”号在展示过程中撞上了一辆满载摄影师的汽车，活动因此中断。

尽管首次展示以碰撞告终，这一事件仍然标志着自动驾驶技术的开端。在随后的数十年里，美国企业在自动驾驶技术的发展中一直处于领先地位，推动了这一领域的不断进步和创新。

92 Radio News for November, 192

Radio-Controlled Automobile

By HERNDON GREEN

THE DIAGRAM

第一辆无人驾的无线电控制驶汽车

5. 第一个出现在屏幕上的机器人

1927年，科幻电影《大都会》上映。这部电影的主角之一是一个模仿农村女孩玛丽亚的机器人，故事设定在2026年，人类被分为两个截然不同的阶层：权贵和富人居住在梦幻般的富丽大厦里，过着奢侈的生活；而贫穷的工薪阶层则长期被困在幽暗的地下城市，与冰冷的机器为伴，过着劳碌辛苦的生活。

影片中有一段“机器人”启动的场景，一个机器人复制了女性“玛丽亚”，从而窃取她的身份，其目的是破坏劳工运动。当工人们发现这个机器人不是真正的玛丽亚时，他们愤怒地将它放在木桩上烧死。当机器人在火焰中死亡时，它的外表又恢复成原来的机器人形象。

《大都会》不仅是电影史上的里程碑，也是机器人概念在大众文化中的重要体现。这部电影通过视觉效果、叙事手法和对未来社会与科技的探讨，深刻影响了后来的科幻作品，奠定了机器人在银幕上的经典形象。

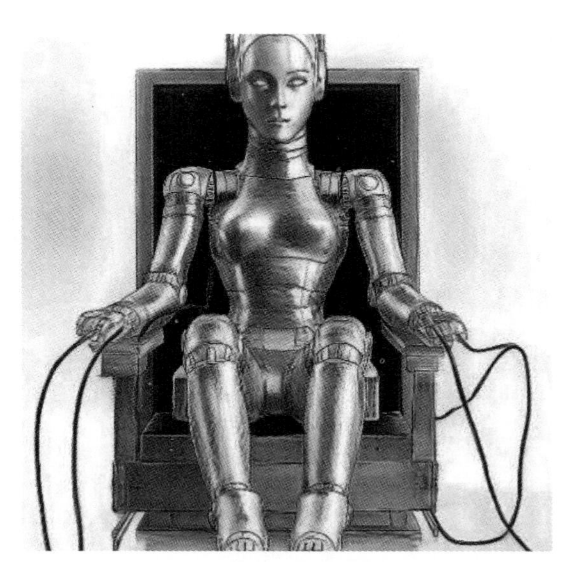

影片《大都会》中的机器人正在充电椅上充电

在1927年的这部电影中，机器人可以在充电桩上进行充电，而今天，这项技术仍然没有完全实现，更不用说像电影中那样在几秒钟内从金属机器人变成完美的女性形态了

6. 日本的第一款机器人

1929年，住在大阪的生物学家西村真琴（曾任北海道帝国大学教授）设计并制造了日本的第一款机器人，名为“学天则”。“学天则”意为“学习自然规律”，这款机器人标志着东方机器人技术的开端。

“学天则”是一台具有复杂结构和多种功能的机器人，它采用气压装置来移动头部和双手。它配备了眼睛、嘴巴、脖子和手臂等“器官”，并能够模拟人类的自然活动，以传达类似于人类的情感。这种设计不仅展示了早期机器人技术的创新，也体现了对人类行为的模仿和理解。

这款机器人一经完成，便在日本全国范围内进行巡演，在当时引起了巨大的轰动，吸引了大量观众的目光，引发了广泛的关注和讨论。人们对“学天则”的反应充满了惊讶和好奇，认为它是科技进步和人类智慧的象征。

在巡演之后不久，这款机器人突然离奇失踪，留下了许多未解之谜。这一事件引发了广泛的猜测和讨论，有人认为机器人可能被盗或遭遇了其他意外。至今，“学天则”的失踪仍然是机器人历史上的一个悬案。

“学天则”的诞生不仅在技术上具有开创性，它还为日本以及整个东方地区的机器人研究和发展奠定了基础。这一历史事件标志着机器人技术的早期探索，也为后来的科技进步提供了宝贵的经验和灵感。随着技术的不断发展，现代机器人在功能和智能方面取得了巨大的进步，但“学天则”作为早期的先锋，依然在历史中占据着重要的位置。

“学天则”，这个机器人有3米高（包括底座）

7. 第一个人工神经元的数学模型诞生

20世纪的初期，科学的领域如同巨大的迷宫，充满了未知与神秘。生物神经系统的复杂运作吸引了许多好奇的目光，其中最引人注目的莫过于尝试揭示其背后数学原理的探索。此时，两位富有远见的科学家，沃伦·麦卡洛克（Warren McCulloch）和沃尔特·皮茨（Walter Pitts），开始了他们的开创性旅程，探索着如何将生物的神经活动转化为一种数学模型。

1943年，麦卡洛克和皮茨发表了一篇颠覆性的论文《神经活动内在思想的逻辑演算》。这篇论文不仅在科学界引起了轰动，也为人工神经网络的发展奠定了基础。在那时，他们的工作就像推开了一扇通往未知世界的门，走上了通向计算智能奥秘的道路。

他们的论文中，麦卡洛克和皮茨首次提出了“McCulloch-Pitts神经元”模型，这是人类历史上第一个尝试将神经系统运作数学化的模型。这个模型虽然极为简化，却深刻地揭示了神经元如何处理信息的基本机制。在他们的设想中，神经元被描绘成一个接收输入、处理信息，并产生输出的理想化单元。这些输入信号通过加权和累积，最终决定神经元是否会激活，从而生成输出信号。

这项工作不仅仅是对生物神经系统的简化模拟，更是一种全新的思考方式。麦卡洛克和皮茨通过数学的语言，揭示了神经元如何通过简单的逻辑运算来模拟复杂的认知功能。他们的模型引入了阈值机制，说明了如何根据输入信号的强度来决定神经元的活动状态，这一机制仿佛为大脑的计算过程提供了一个简洁的数学框架。

尽管这一模型与生物神经元的真实结构相距甚远，但它为人工智能领域的发展提供了重要的理论基础，他们的思想如同一颗种子，植入了人工神经网络的沃土中。在他们的努力下，人工神经网络的种子在科技的土壤中茁壮成长。今天，我们所熟知的深度学习、卷积神经网络，甚至是人工智能的许多奇迹，都可以追溯到那个时代他们在纸上绘制的简化神经元模型。

逻辑学家和认知心理学家Walter Pitts（左）
和美国神经生理学家Warren McCulloch（右）

8. 谁最早意识到机器与人的关系

1948年，美国电子工程专家诺伯特·维纳（Norbert Wiener，1894—1964）的奠基性著作《控制论》（Cybernetics）出版，这标志着控制论的诞生。维纳在书中定义了控制论为“以机器中的控制与调节原理，并将其类比到生物体或社会组织体后的控制原理为对象的科学研究。”他从理论上指出，所有智能活动都可以视为反馈机制的结果，并且这种反馈机制有可能被机器模拟。这一结论对早期人工智能的发展产生了深远的影响。

《控制论》发表后，科学家们沿着两个主要方向发展控制论。心理学家、神经生理学家和医学家使用控制论的方法来研究生命系统的调节和控制问题，这促进了对生命机制的深入理解，进而建立了神经控制论、生物控制论和医学控制论等领域。这些领域通过探讨生物体的控制机制和信息处理，增强了对人类智能和行为的理解。

诺伯特·维纳

维纳出生于瑞典斯德哥尔摩，是麻省理工学院的数学教授。维纳的控制论理论，对多个领域产生了深远的影响，包括工程、系统控制、计算机科学、生物学、哲学以及社会组织

9. 第一本关于电子计算机的畅销书《巨型大脑或思考的机器》出版了

1949年，数学家兼精算师埃德蒙·伯克利（Edmund Berkeley）出版了*Giant Brains:, or Machines That Think*（中文译名《巨型大脑或思考的机器》）。这是第一本关于电子计算机的畅销书。

（1）作者背景

埃德蒙·伯克利（Edmund Berkeley）是一位数学家和精算师，他在计算机领域也做出了重要贡献。他毕业于哈佛大学，获得了数学和逻辑学士学位，并在之后成为了一名保险精算师。然而，他对计算机技术的热爱和追求使他逐渐转型为一名计算机科学家和科普作家。

（2）书籍内容

《巨型大脑或思考的机器》是埃德蒙·伯克利的代表作之一。在这本书中，他详细描述了计算机的原理和机制，用通俗易懂的语言向读者普及了计算机知识。他阐述了计算机背后的“机械大脑”“序列控制计算器”等概念，并展望了计算机未来的发展前景。此外，他还概述了一种被后人称为第一台“个人计算机”的设备——Simon，进一步拓宽了读者的视野。

（3）书籍影响

《巨型大脑或思考的机器》的出版对当时的计算机领域产生了深远的影响。它不仅普及了计算机知识，还激发了人们对计算机技术的兴趣和热情。伯克利在书中展现出的前瞻性和洞察力也为后来的计算机发展提供了有益的启示。此外，他的著作还促进了计算机艺术的诞生和发展，他因此成为了计算机艺术领域的先驱。

综上所述，1949年埃德蒙·伯克利出版的《巨型大脑或思考的机器》是一本具有重要意义的计算机科普著作，它为人们了解计算机、探索计算机技术提供了宝贵的资源和启示。

埃德蒙·伯克利出版了著作《巨型大脑或思考的机器》

10. 第一个训练神经网络的学习算法诞生了

1950年，唐纳德·赫布（Donald Hebb）出版了《行为组织: 神经心理学理论》一书。在书中，赫布提出了一种关于学习的理论，这一理论基于对神经网络及突触随时间增强或减弱的能力的猜测。赫布描述了一种更新规则，该规则可以调整神经元之间的联结强度，这种规则现在被称为“Hebb学习算法”。

Hebb学习规则是一个无监督学习规则，这种学习方法使神经网络能够提取训练数据的统计特性，将输入信息根据其相似性划分为不同的类别。这一过程与人类观察和理解世界的方式极为相似，人类在认知过程中，也是在根据事物的统计特征进行分类。

Hebb学习规则的关键在于其依据神经元之间的激活水平来调整权重，因此也被称为“相关学习”或“并联学习”。这种算法并不依赖于外部标注的正确答案，而是通过神经元的自我调整来提高网络对数据的处理能力，从而实现学习和记忆。

赫布的理论不仅在神经网络研究中开创了新的思路，还深刻地影响了心理学和神经科学领域。他被广泛认为是“神经心理学之父”，因为他成功地将心理学的概念与神经科学的发现结合起来，推动了对大脑学习机制的理解。赫布的研究成果为后来的神经网络发展奠定了基础，在现代人工智能和机器学习领域中仍具有重要的影响力。

唐纳德·赫布出版了《行为组织:神经心理学理论》

11. 唐纳德·赫布：神经科学与人工智能的先驱

（1）早年求学与启蒙

在加拿大新斯科舍省的切斯特，有一个对世界充满好奇的小男孩，他就是唐纳德·赫布。赫布出生在一个医学世家，父母都是乡村医生。然而，他并没有继承家族的传统，而是对阅读和知识产生了浓厚的兴趣。在母亲的启蒙教育下，他早早地就展现出了超乎常人的学习能力和对知识的渴望。

进入学校后，赫布的学习进度远超同龄人，10岁时就已经跳级到了7年级。随着年岁的增长，他对心理学的兴趣愈发浓厚，尤其是在接触到弗洛伊德的精神分析学说后，他更是觉得心理学领域还有许多值得探索和改善的地方。

（2）学术研究与突破

赫布在麦基尔大学心理系研究所开始了他的学术生涯。在这里，他阅读了谢林顿、巴甫洛夫等心理学巨匠的著作，对神经生理学产生了浓厚的兴趣。他的导师拉什利对他的影响尤为深远，不仅引导他进入了神经科学的大门，还激发了他对大脑奥秘的探索热情。

在哈佛大学攻读博士学位期间，赫布的研究取得了突破性进展。他提出了“细胞集合”和“阶段顺序”等理论，用以解释大脑如何处理和存储信息。这些理论不仅为神经科学的发展奠定了坚实基础，还为后来的神经网络研究提供了重要启示。

（3）与黑猩猩为伍的科学家

赫布的研究并不仅限于实验室和书本。在耶鲁大学的耶基斯实验室，他开始了与黑猩猩、海豚等动物为伍的生活。他通过观察这些动物的行为和反应，进一步验证了自己的神经生理学理论。在这个过程中，他不仅积累了大量宝贵的实验数据，还培养了对动物和人类行为的深刻理解。

（4）突触学习学说的创立

赫布最为人称道的贡献之一是他创立的突触学习学说。他认为，特定的刺激会加强两个神经元之间的联系，而亿万个神经元之间联系实时而微妙的改变，正是人类智慧的究极奥义。这一理论不仅揭示了大脑学习和记忆的机制，还为后来的神经网络研究提供了重要的理论基础。

（5）荣誉与影响

赫布的成就和贡献得到了广泛的认可和赞誉。他曾任麦吉尔大学校长、加拿大心理学会主席和美国心理学会主席等职务。他的研究成果不仅推动了神经科学的发展，还为人工智能、机器学习等领域的进步提供了重要支撑。

赫布的一生充满了对知识的追求和对科学的热爱。他的事迹和成就不仅激励了无数后来者投身于神经科学和人工智能领域的研究，还为人类探索大脑奥秘和推动科技进步做出了不可磨灭的贡献。

生物神经网络对机器学习中人工神经网络的启发已经得到了广泛的认识。然而，大脑中的生物神经网络在网络结构和活动模式上要复杂得多，可以将其视为通过演化和学习来训练以支持人类的自然智能的网络。另一方面，人工神经网络和机器学习作为强大的数据分析工具被越来越多地应用于神经科学的诸多研究中。更有趣的是，人工神经网络提供了一种新的方法来研究复杂行为背后的计算原理。

12. 第一个计算机象棋博弈程序诞生了

克劳德·香农（Claude Shannon），美国数学家、电子工程师和密码学家，被誉为信息论的创始人。1948年，香农发表了划时代的论文《通信的数学理论》，奠定了现代信息论的基础，这篇论文被认为是数字计算机理论和数字电路设计理论的奠基之作。

1949年，香农发表了一篇关于计算机国际象棋的开创性论文，题为《为下棋的计算机编程》。在这篇论文中，香农探讨了如何利用计算机编程来分析和解决国际象棋游戏，构建了一个名为“弈棋机”的早期计算机象棋程序。这台机器的设计目标是处理残局，即每次只处理不超过六个棋子。尽管“弈棋机”在技术上有所限制，香农却大胆地预言，未来计算机将有一天能够击败国际象棋世界冠军。

香农在他的研究中将棋盘定义为二维数组，为每个棋子设计了一个子程序来计算所有可能的走法，并使用一个评估函数来决定最佳移动。他的工作参考了冯·诺依曼的《博弈论》和维纳的《控制论》，并在多年的研究中形成了一套系统的计算机下棋策略。这些早期的思路和方法在后来的计算机象棋程序中得到了继承，并且在现代的“深蓝”和“AlphaGo”等人工智能系统中仍然可以看到其影响。

香农于2001年去世，享年84岁。他的理论不仅奠定了信息论的基础，还对计算机科学、人工智能和现代通信技术产生了深远的影响。

香农于1949年构建了“弈棋机”（被称为Endgame）

13. 信息论的奇迹：香农的非凡之旅

在密歇根州的盖洛德小镇，有一个对世界充满好奇的小男孩，名叫克劳德·艾尔伍德·香农。他的家庭充满了书香气息，父亲是镇上的法官，母亲则是中学校长。在这样的环境中，香农从小就展现出了对科学和数学的浓厚兴趣。

（1）少年时代的探索

香农的少年时代充满了各种发明和实验。他制作了模型飞机、无线电控制的模型船，甚至还在家里搭建了一个小型实验室。每当夜深人静时，他总是一个人躲在实验室里，用各种电子元件搭建出奇妙的电路，探索着电与磁的奥秘。

（2）学术之路的启航

1932年，香农考入了密歇根大学，开始了他的学术之旅。在这里，他接触到了布尔理论，这为他后续的信息论研究奠定了坚实的基础。四年后，他顺利毕业，并获得了数学和电子工程双学位。随后，他进入了麻省理工学院深造，继续探索着科学的未知领域。

香农在做实验

（3）信息论的诞生

1948年，香农在贝尔实验室发表了一篇长达数十页的论文《通信的数学理论》。这篇论文的发表，标志着信息论的正式诞生。香农在论文中提出了信息熵的概念，指出信息是可以被量化的，可以用数字编码代表任何类型的信息。他还提出了“比特”的概念，成为计算机设计思想的基石。这篇论文的发表，对学术界造成了巨大的震动，也为香农赢得了“信息论之父”的美誉。

（4）战争中的密码学贡献

在第二次世界大战期间，香农意识到密码术与通信理论的紧密联系。他利用自己的专业知识，为战争中的密码破译工作做出了重要贡献。他提出的密码学理论，为对称密码系统的研究建立了一套数学基础，使密码术从一门艺术成为了一门真正的科学。

（5）多才多艺的生活

除了卓越的科研成就外，香农还是一位多才多艺的人。他热爱杂耍、骑独轮脚踏车、下象棋等娱乐活动。每当工作之余，他总会拿起杂耍道具，练习各种高难度的动作。他的家里摆满了各种古怪的发明，如喷火喇叭、火箭动力飞盘等，这些都是他闲暇之余的杰作。

（6）晚年的挑战与坚持

然而，香农的晚年生活却受到了阿尔茨海默病的困扰。他的记忆力逐渐减退，甚至有时连最亲近的人都无法认出。尽管如此，他依然保持着对科学的热爱和对生活的热情。他坚持每天阅读科学文献，关注着科学界的最新动态。他的家人和朋友也都给予了他无微不至的关怀和支持。

（7）传奇的落幕

2001年2月24日，在与阿尔茨海默病长期斗争后，香农在美国马萨诸塞州辞世，享年84岁。他的离世，标志着科学界失去了一位伟大的思想家和科学家。但他的故事和精神，却永远地留在了人们的心中。

克劳德·香农的一生，充满了探索和创新。他的贡献不仅在于创立了信息论这一学科领域，更在于他敢于创新、勇于探索的精神。他的故事告诉我们，科学探索需要好奇心、实践精神和追求完美的态度。同时，他的多才多艺和独特个性也为我们树立了榜样，让我们明白科学探索并不是枯燥无味的，而是可以充满乐趣和创造力的。

14. 天才的维纳

诺伯特·维纳（Norbert Wiener），这个名字注定要在科学史上留下深刻的印记。他的生命旅程充满了探索与创新，为现代科学的发展铺平了道路。

维纳，1894年11月26日出生于密苏里州哥伦比亚市，他的父亲是哈佛大学的语言学教授，家庭的学术氛围让维纳从小便展现出非凡的智慧。3岁时，他已经能够阅读，9岁时，他进入塔夫茨学院，14岁便获得了数学学士学位。随后，他在哈佛大学继续深造，17岁时获得哲学博士学位，成为哈佛历史上最年轻的博士之一。

年轻的维纳在麻省理工学院担任数学教授。二战期间，他参与了雷达技术的研究，深入探索了控制和通信的基本问题，这为他后来的工作奠定了基础。战争的残酷和科学的力量交织在一起，促使他思考人与机器的关系，也让他找到了自己的职业方向。

1948年，维纳发表了划时代的著作《控制论：或在动物和机器中控制和通信的科学》。这本书不仅标志着控制论的诞生，也揭开了一个全新的科学领域。

维纳不仅是科学的探索者，也是人文关怀的倡导者。他深知技术进步的双刃剑效应，在享受科技带来的便利时，他也对其潜在的社会和伦理问题保持警觉。他在书中和演讲中多次呼吁科学家和工程师要对自己的工作负责任，警惕技术滥用对社会的负面影响。

尽管他的大部分时间花在了学术研究和教学上，维纳也深深热爱着音乐和艺术。他的家中常常举办音乐会，他自己也喜欢弹钢琴，这些艺术追求使他在科学之外找到了内心的平衡与宁静。

1964年3月18日，维纳在瑞典斯德哥尔摩去世，享年69岁。他的一生犹如一颗耀眼的星辰，照亮了无数科学家前行的道路。今天，维纳的思想和贡献依然影响着现代科学的发展，他对控制论的探索和人文关怀的呼吁，仍然是我们这个时代的重要精神财富。

15. 人和机器如何相处呢？

维纳在1950年的时候，就看到了这样一个未来：我们创造了新的智能机器，人类社会最重要的关系变成了人与机器、机器与人、机器与机器、人与人之间的关系。这个视角的关系就成了我们未来社会中最重要的一个关系。

1950年时，还没有互联网，计算机也才刚刚开始，维纳已经看到了通过信息和社会通信设备来进行人与机器交流的研究。

诺伯特·维纳的名著《人有人的用处》主要讲的是人和机器如何相处的问

题，仿佛一盏指引人们穿越科技迷雾的明灯。在这本书中，维纳带领我们进入了控制论的奇妙世界，探索了控制和通信在生物与机器系统中的奥秘。他向我们展示了反馈机制如何在这些系统中发挥自我调节和自我控制的关键作用，仿佛奏响了一曲科学与技术的交响乐。

书中，维纳深入解析了信息理论的基本概念，特别是熵的神秘面纱。他引领我们走过信息传递的过程，揭示了如何通过减少不确定性来增添信息的价值。这一切，就像是打开了一扇窗，让我们得以窥见信息在系统中的重要性。

更为深远的是，维纳带领我们思考人类与机器的互动。他不仅提出了机器可以在诸多方面增强人类能力的观点，还发出了对过度依赖自动化技术的警示。仿佛在提醒我们，在科技的高速列车上，我们需要保持清醒，谨慎前行。

在这部著作中，维纳不仅关注技术的进步，还深入探讨了技术对社会的广泛影响，特别是伦理和道德方面的问题。他如同一位哲人，敦促我们在享受科技带来的便利时，也要审视其潜在的负面后果，理性使用技术，让其真正造福人类。

《人有人的用处》不仅是对现状的审视，更是对未来的展望。维纳带领我们畅想自动化和机器智能的发展前景，提出了许多关于这些进展对人类社会长期影响的深刻思考。他的预见，如同星辰般璀璨，指引我们在未来的征途上，谨慎而坚定地前行。

维纳的这本书，是对控制论和信息理论的礼赞，是对技术进步影响的深思熟虑。它不仅在学术界产生了深远的影响，也为我们理解和应对现代科技社会提供了宝贵的智慧和洞见。

16. 维纳与图灵在人工智能领域中的贡献和观点对比

诺伯特·维纳和图灵是人工智能领域的两位重要人物，他们的贡献和思想在很大程度上推动了这个领域的发展。以下是对他们在人工智能领域中的贡献和观点的对比。

维纳是控制论的奠基者，这一学科研究的是控制和通信在动物和机器中的应用。1948年，他出版了《控制论：或在动物和机器中控制和通信的科学》一书，提出了反馈机制的概念，这一理论在人工智能和自动化控制中起到了基础性的作用。

在反馈控制中，维纳强调反馈控制系统的作用，即系统通过接收自身输出的信息来调整其行为。他的理论不仅适用于机械系统，还被应用于生物学、神经科学和社会系统中。

此外，维纳对技术的社会和伦理影响保持高度关注。他意识到人工智能和自动化技术的潜在风险，并呼吁科学家和工程师对技术的使用保持警觉和责任心。

图灵是机器学习领域的先驱之一，他的研究主要集中在让计算机通过经验进行学习和改进。

图灵开发了第一个自适应程序，他的跳棋程序可以通过与自己对弈不断改进策略。这一研究展示了计算机不仅可以按照预设规则执行任务，还能通过经验和数据进行自我优化。

在实践与应用，图灵的工作强调了实践中的应用，他的跳棋程序不仅是理论研究的成果，更是实际应用中的重要突破，展示了机器学习在游戏和策略问题上的潜力。

关于两位大师的对比，从理论基础与实践应用方面看，维纳的控制论提供了人工智能和自动化的理论基础，强调反馈控制和系统调节；图灵则更多地关注实践应用，通过开发自适应程序展示了机器学习的实际效果。从社会影响方面看，维纳对技术的社会影响保持高度关注，他的工作不仅限于技术本身，还包括对技术伦理和社会后果的反思；图灵则更多地专注于技术的实现和应用，展示了机器学习在具体任务中的潜力。从角度贡献看，尽管他们的研究领域和方法有所不同，但维纳和图灵的工作都极大地推动了人工智能的发展；他们的研究相辅相成，维纳的控制论为人工智能提供了理论框架，而图灵的机器学习展示了具体应用的可能性。

总结来说，维纳和图灵在人工智能领域各自发挥了重要作用，一个提供了理论基础，另一个展示了实际应用的潜力，他们的共同努力为今天的人工智能技术奠定了坚实的基础。

17. 钱学森为什么要研究维纳的控制论？

钱学森研究维纳的控制论，是出于对这一学科在工程和科学领域潜在应用的深刻认识。以下几点可以帮助理解钱学森研究控制论的原因。

（1）多学科的交叉应用

维纳的控制论提出了反馈和控制系统的基本原理，这些原理不仅适用于生物学和社会系统，也对工程系统具有重要意义。钱学森看到了控制论在导弹和航天技术中的潜力，这些领域需要高度精确的控制系统来实现飞行和导航。

（2）复杂系统的理解和设计

控制论提供了理解和设计复杂系统的方法论。钱学森在导弹和航天技术方面的研究，需要对复杂的工程系统进行有效的控制和优化。控制论的理论帮助他在这些系统的分析和设计中找到了科学依据。

（3）时代背景和技术需求

20世纪中叶，科学技术的快速发展使得对自动化和控制系统的需求大大增加。钱学森作为一名杰出的科学家，敏锐地意识到控制论能够满足这种需求，为实现自动化控制和信息处理提供理论支持。

（4）国家需求和科学使命

钱学森意识到控制论在导弹制导、自动控制和航天器稳定性方面的应用价值。他的研究不仅具有科学意义，更肩负着推动国家科技进步的使命。

（5）学术兴趣和科学探索

钱学森对科学的热情和对未知领域的探索精神驱使他不断学习和研究新的理论。维纳的控制论为他提供了一个全新的视角，让他能够在已有的科学知识基础上，探索更加广泛的应用领域。

（6）实践成果

钱学森将控制论理论应用于工程实践，取得了显著的成果。他在1954年出版的《工程控制论》一书，标志着工程控制论的建立，成为控制论在工程应用中的经典著作。

综上所述，钱学森研究维纳的控制论，是因为他看到了这一理论在工程和科学中的广泛应用前景，并希望通过研究控制论，解决实际工程问题，推动科技领域的进步。他的研究不仅深化了对控制系统的理解，也为后来的科学家和工程师们提供了宝贵的理论和实践指导。

|五|人工智能的摇篮期

人工智能的诞生可以追溯到20世纪中期，1950年，艾伦·图灵发表了《计算机与智能》，提出了模仿游戏的想法，以及机器是否可以思考的问题。这个问题后来被称为“图灵测试”，用来测量计算机的智能水平。“人工智能”和“机器学习”等词开始被创造出来，并逐渐流行。目前，学术界认为，以下是几个关键的历史事件和里程碑，标志着人工智能作为一个学科的正式诞生。

艾伦·图灵（Alan Turing）发表了著名的论文《计算机与智能》（Computing Machinery and Intelligence），提出了“图灵测试”，用以判断机器是否具有智能。图灵的工作为人工智能奠定了理论基础

1950年

亚瑟·塞缪尔开发了一种跳棋计算机程序，这也是第一个能够独立学习和自主玩游戏的程序，这是第一款独立学习跳棋计算机程序，也被称为“初代AI”

1952年

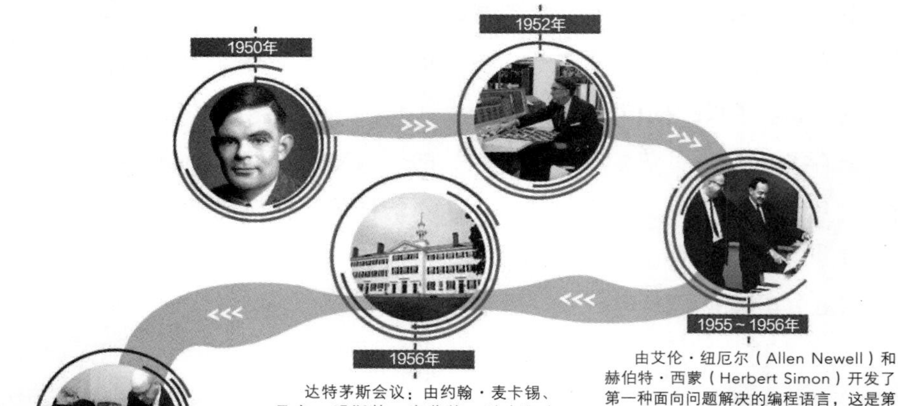

1955～1956年

由艾伦·纽厄尔（Allen Newell）和赫伯特·西蒙（Herbert Simon）开发了第一种面向问题解决的编程语言，这是第一个尝试模仿人类推理过程的计算机程序

1956年

达特茅斯会议：由约翰·麦卡锡、马文·明斯基、克劳德·香农和内森·罗切斯特等人组织的一次会议，正式提出了“人工智能”这一术语，并标志着人工智能作为一个学科的诞生

1957年

纽厄尔和西蒙继续他们的工作，开发了通用问题求解器。这是一种面向问题的解决系统

1957年

弗兰克·罗森布拉特在一台IBM704计算机上模拟实现了一种被称为“感知器”（Perceptron）的神经网络模型，这也是第一台能够有独创想法的机器

1959年

麻省理工学院的约翰·麦卡锡创造了Lisp语言的第一个版本，这是一种特别适合于人工智能研究的语言，Lisp在很长一段时间内都是人工智能研究中的主要编程语言

1. 谁是计算机之父

图灵和冯·诺依曼这两个人，都对计算机的发展做出了杰出的贡献，常有人问，这两位大神级的人物谁更配得上计算机之父呢？

事实上，“计算机之父”这种笼统的称谓是不够准确的，有数百人对计算机领域做出了重大贡献。从专业角度看，有一群人可以被誉为计算机之父。

（1）查尔斯·巴贝奇（Charles Babbage）是通用计算机之父

1837年，巴贝奇提出分析引擎的概念并发表，因而被誉为计算之父。分析引擎包括算术逻辑单元（ALU）、基本流量控制和集成存储器，被认为是第一个通用计算机的概念。由于资金问题，这台计算机并未在巴贝奇在世时建造。

然而，1910年，巴贝奇的小儿子亨利·巴贝奇完成了机器的一部分，使其能够进行基本计算。1991年，伦敦科学博物馆完成了2号分析引擎的工作版本，融合了巴贝奇在设计过程中开发的改进。

尽管巴贝奇在世时未能完成他的发明，他对计算机的开创性思想和概念使他被誉为（通用）计算机之父。

查尔斯·巴贝奇点燃创新的火焰

巴贝奇经常被誉为“计算机之父”，他在19世纪的远见卓识为后来的数字时代奠定了基础。他是一位博学的数学家、哲学家、发明家和机械工程师。他的天才在计算机成为现实之前的几个世纪就预见到了计算机的未来

（2）康拉德·祖斯（Konrad Zuse）是计算机之父

随着Z1、Z2、Z3和Z4计算机的出现，科学家们一致认为康拉德·祖斯是计算机之父。

从1936年到1938年，祖斯在他父母的客厅里创作了Z1计算机。Z1拥有超过30000个金属部件，是第一台机电二进制可编程计算机。1939年，德国军方委托祖斯建造Z2计算机，主要以Z1为基础。后来，他在1941年5月完成了Z3计算机；Z3在当时是一台革命性的计算机，被认为是第一台机电和程序控制计算机。最后，在1950年7月12日，祖斯完成了Z4计算机，这是第一台商用计算机。

康拉德·祖泽最伟大的成就是Z3计算机

Z3计算机是世界上第一台功能齐全、全自动、程控和可自由编程的计算机。Z3的设计基本上是基于图灵的理论，它使用22位二进制浮点运算，内存为64个字，程序代码存储在穿孔胶片上。Z3计算机于1941年5月完工，但在1943年12月的柏林空袭中被摧毁。其复制品于1961年建成，现位于柏林的德意志博物馆

（3）亨利·爱德华·罗伯茨（Henry Edward Roberts）个人电脑之父

亨利·爱德华·罗伯茨在1974年12月19日发布Altair 8800个人电脑后，创造了“个人电脑”一词，被认为是现代个人电脑之父。Altair 8800个人电脑后来在1975年登上了《大众电子》的封面，一夜之间获得了成功。这台个人电脑以439美元的价格作为套件提供，或以621美元的成本组装，并有几个附加组件，如存储板和接口板。到1975年8月，超过5000台Altair 8800个人电脑售出，开启了个人电脑革命。

四十多年前，罗伯茨离开计算机行业，在佐治亚州成为一名乡村医生后，计算机界没有多少人记得他。但微软的联合创始人比尔·盖茨和保罗·艾伦依然记得。2010年4月，68岁的罗伯茨因肺炎住在佐治亚州梅肯的医院里，而盖茨专程赶去探望。

盖茨知道许多人已经忘记的事情：罗伯茨对现代计算做出了早期而持久的贡献。罗伯茨创造了第一台价格低廉的通用微型计算机，一些历史学家认为他应该被公认为个人计算机的发明者。

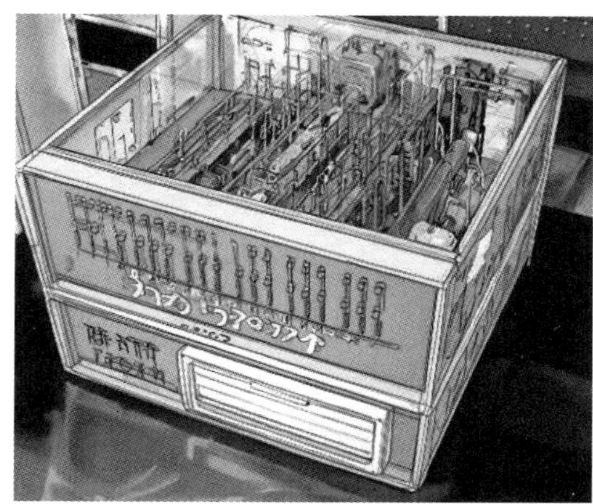

罗伯茨发布了个人电脑

对盖茨来说，与罗伯茨的联系也是个人的：正是为罗伯茨的通用微型计算机编写的软件，让当时在哈佛的学生盖茨和艾伦开始了他们的事业。后来他们搬到了阿尔伯克基，罗伯茨在那里开店。

（4）其他计算机先驱

成千上万的先驱者为开发我们今天的计算机做出了贡献，比如，图灵被誉为计算机科学之父，而冯·诺依曼则被称为现代计算机之父。

早在1947年，图灵就提出了自动程序设计的思想。1950年，他在论文《计算机与智能》中提出了关于机器思维的问题，这篇论文引起了广泛的关注和深远的影响。1956年，这篇论文收入一部文集时改名为《机器能够思维吗？》，至今仍是研究人工智能的重要读物。

同年，图灵提出了一项名为“模仿游戏”的机器智能测试，这项测试后来被称为“图灵测试”。

1946年，第一台计算机ENIAC（电子数字积分计算机）诞生，人类进入了计算机时代。随后，美籍匈牙利数学家冯·诺依曼提出了“存储程序”的计算机设计理念，即将计算机指令进行编码后存储在计算机的存储器中，需要时可以顺序执行程序代码，从而控制计算机运行。这一设计理念被称为冯·诺依曼体系。冯·诺依曼结构消除了早期计算机中只能依靠硬件控制程序的限制，将程序编码存储在存储器中，实现了可编程的计算机功能，促进了计算机的发展。

冯·诺依曼

冯·诺依曼可能是有史以来最聪明的人，他不仅彻底改变了数学和物理学的几个分支领域，而且对纯粹的经济学和统计学做出了基础性贡献，并在原子弹、核能和数字计算的发明中发挥了关键作用。

冯·诺依曼被称为“伟大数学家的最后代表”，他的天才甚至在他自己的一生中都是传奇。关于他的才华的故事和轶事不胜枚举，感兴趣读者可以上网搜索。

世界上第一台电子数字计算机

世界上第一台电子数字计算机于1943～1945年间为美国陆军建造，并开创了信息时代。1946年，它被翻新并重新部署

2. 第一款独立学习跳棋的计算机程序

亚瑟·塞缪尔（Arthur Samuel）是人工智能研究的先驱。1952年，他开发了一种跳棋计算机程序，这也是第一个能够独立学习和自主玩游戏的程序，它也可以被称为“初代AI”。

塞缪尔在研究这款游戏程序时，以跳棋作为研究对象，利用许多跳棋玩家的“棋谱”，判读每走一步的结果，即识别“好棋”和“坏棋”。塞缪尔的学习程序应用“李氏跳棋”指南来调整和选择走法，以便程序尽可能多地选择跳棋专家认为最好的走法。

亚瑟·塞缪尔开发了一种跳棋计算机程序

1956年，亚瑟·塞缪尔在电视上向全世界展示了IBM701计算机是如何下棋的，他坐在IBM701旁边，接受电视台“早间新闻”直播节目的采访。三年后的1959年，他在《IBM研究与发展杂志》上发表了《使用跳棋游戏进行机器学习的一些研究》，创造了“机器学习”一词。

3. 第一个人工智能程序的诞生

1955年至1956年，艾伦·纽厄尔（Allen Newell）和赫伯特·西蒙（Herbert Simon）开发了第一种面向解决问题的编程语言，这是第一个尝试模仿人类推理过程的计算机程序。

艾伦·纽厄尔和赫伯特·西蒙在卡内基梅隆大学合作开发了“逻辑理论家”（Logic Theorist），“逻辑理论家”是首个可以自动进行推理的程序，被称为“史上首个人工智能程序”，它也被认为是人工智能史上的一个里程碑。这个程序旨在证明数学定理，并能够模仿人类解决问题的逻辑推理过程。“逻辑理论家”不仅成功地证明了一些定理，还提出了比人类发现的证明更为简洁的解决方案。这一成就标志着人工智能研究的一个重要开端，表明计算机能够被编程以模仿复杂的认知过程。这一工作奠定了他们在人工智能和认知心理学领域的重要地位。

艾伦·纽厄尔和赫伯特·西蒙讨论关于机器思考的可能性

4. “人工智能”名词的由来

在科技的长河中，无数名词如同璀璨星辰，照亮了人类前行的道路，而“人工智能”无疑是其中最为耀眼的一颗。这个名词背后，不仅承载着无数科学家的智慧与汗水，更蕴含了一段关于梦想与探索的动人故事。

故事的源头，要追溯到1956年的夏天。在美国新罕布什尔州的达特茅斯学院，一群怀揣梦想的科学家和学者齐聚一堂，其中包括了约翰·麦卡锡（John McCarthy）、马文·明斯基（Marvin Minsky）、克劳德·香农（Claude Shannon）等日后的科技巨擘。在那次具有历史意义的研讨会上，麦卡锡首次提出了“人工智能”这一术语，并将其定义为“拥有模拟能够被精确描述的学习特征或智能特征的能力的机器”。

尽管会议持续八周并未取得实质性的共识，但它却为这一新兴领域起了一个响亮的名字：“人工智能”。这次研讨会的组织者麦卡锡，也因此成为了人工智能的奠基人之一。1956年的达特茅斯会议，作为人工智能领域的开创性事件，标志着这一学科的正式诞生。1956年被公认为人工智能的诞生元年。

这个定义虽然简洁，却如同一颗种子，在科技的土壤中生根发芽，逐渐长成了参天大树。会议结束后，人工智能的研究在全球范围内迅速展开，科学家们纷纷投身于这场关于智能的探索之旅。

然而，人工智能的概念并非一蹴而就。在达特茅斯会议之前，关于机器智能的讨论已经持续了很长时间。从古希腊哲学家对“智能”本质的探讨，到工业革命后机器对人类工作的逐步替代，再到计算机科学的兴起为智能模拟提供了新的可能，每一步都凝聚着人类对智能的渴望与追求。

在人工智能的发展历程中，也涌现出了许多有趣的轶事。例如，美国科幻电影《人工智能》以其独特的视角和深刻的主题，探讨了人工智能与人类情感之间的复杂关系。这部电影不仅让观众感受到了科技的魅力，更引发了人们对人工智能未来发展方向的深思。

如今，人工智能的应用已经渗透到了我们生活的方方面面。从智能手机上的语音助手到家庭中的智能家电，再到医疗、教育、金融等领域的广泛应用，人工智能正以其独特的方式改变着我们的生活方式。

在人工智能的研究过程中，科学家们不仅关注技术的突破，更关注伦理和道德的问题。他们深知，人工智能的发展不仅关乎技术的进步，更关乎人类的未来和命运。因此，在追求技术突破的同时，他们也在不断探索如何让人工智能更好地服务于人类，而不是成为威胁。

如今，人工智能已经成为了一门独立的学科，其研究领域涵盖了机器学习、计算机视觉、自然语言处理等多个方面。而“人工智能”这个名词，也从一个简单的术语，演变成了一个充满无限可能的时代符号。

回顾这段科技与梦想的交织史，人们不禁感慨万分。从达特茅斯会议上的首次提出，到如今在各行各业的广泛应用，人工智能的发展历程充满了挑战与机遇。正是这些挑战与机遇，激发了人类不断前行的动力，也让我们对未来充满了期待。

在这个充满可能性的时代里，让我们携手共进，继续探索人工智能的奥秘，为人类的未来贡献我们的智慧和力量。

参加1956年达特茅斯会议的人工智能鼻祖们和达特茅斯学院

5. 图灵与图灵测试

艾伦·图灵（Alan Turing）是英国数学家、逻辑学家和密码学家，被誉为计算机科学之父、人工智能之父。他还涉猎了物理学、生物学、化学和神经病学，但他说话有点结结巴巴。他1912年6月23日生于英国帕丁顿，1931年进入剑桥大学国王学院，师从著名数学家哈代，1938年在美国普林斯顿大学取得博士学位，后又回到剑桥，曾协助军方破解德国的著名密码系统Enigma。

1954年，图灵在被揭露为同性恋两年后自杀。当时，同性恋在英国仍然是一种犯罪，图灵被判“猥亵罪”。他死于吃了一个掺有氰化物的苹果，当时年仅41岁。在他去世时，公众并不知道他为人类发展做出了什么贡献。60年后，英国女王伊丽莎白二世赦免了图灵。

图灵是计算机逻辑的奠基者，提出了“图灵机”和“图灵测试”等重要概念，人们为纪念其在计算机领域的卓越贡献而专门设立了“图灵奖”。

“图灵测试”以图灵的名字命名，也称“图灵判断”，是图灵提出的一个关于机器人的著名判断原则。“图灵测试”的用途是验证机器是否具备与人类相似的思考能力的一个著名测试。

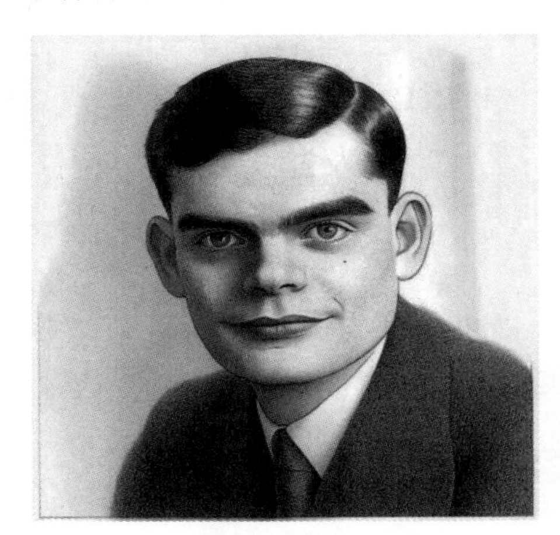

著名计算机科学之父艾伦·图灵

6. “图灵测试”究竟是怎样的测试?

图灵在20世纪40年代和50年代开创了机器学习。图灵在曼彻斯特大学时于1950年发表的题为《计算机与智能》的论文中介绍了这项测试。

在他的论文中，图灵对所谓的“模仿游戏”提出一个“转折点”。模仿游戏是在三个独立的房间里分别安排三名参与者，一名男性、一名女性和一名鉴别者，他们通过屏幕和键盘互动。女性参与者试图让鉴别者相信她是一名男性，而鉴别者的任务则是确认哪个是男性，哪个是女性。

在论文中，图灵改变了这个游戏的概念，将三名参与者改为机器、真人和鉴别者，鉴别者的任务就是确定哪个是机器，哪个是真人。经过多次测试（每次实验一般在5分钟之内），如果机器能够回答鉴别者提出的一系列问题，且其超过30%的回答被鉴别者误认为是真人所答，那么这台机器就通过了测试，并被认为是具有人类智能的机器。

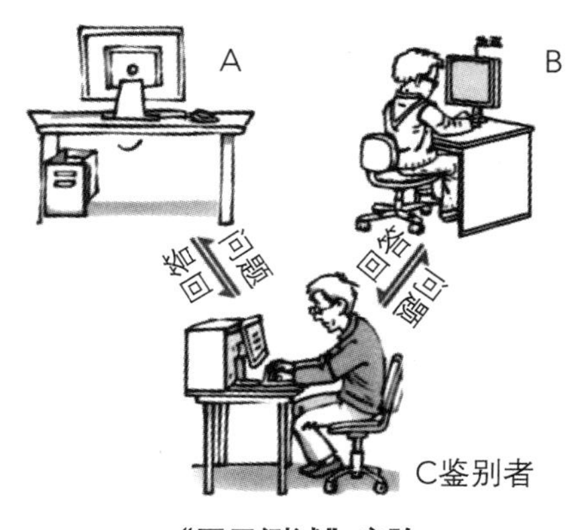

“图灵测试”实验

7. 图灵测试的局限性

图灵测试作为一种评估机器智能的标准，具有一些显著的优点。首先，图灵测试能够模拟人与机器的实际对话，更加贴近真实情境。其次，图灵测试可以评估机器的综合智能水平，而且不仅仅限于某一方面的能力。

但是，图灵测试也存在一些局限性。首先，图灵测试无法给出一个准确的评估标准，不同的人对机器的判断是不同的。其次，图灵测试只能评估机器的外在表现，无法深入了解机器内部的思维过程。另外，图灵测试在学术界一直存在争议。有人认为，图灵测试过于依赖人类主观的判断，缺乏客观评价机器智能的标准。

今天，对于许多研究人员来说，计算机能否通过图灵测试的问题已经变得无关紧要。**真正的重点应该是如何使人机交互更加直观和高效，而不是专注于如何让别人相信他们正在与人而不是与计算机程序进行对话。**

他不介意她或它回答问题，他更关注问题的答案

8. 通用问题求解器

1957年，艾伦·纽厄尔（Allen Newell）和赫伯特·西蒙（Herbert Simon）开发了通用问题求解器（General Problem Solver， GPS）。GPS是一种面向问题的解决系统，旨在模拟人类解决问题的过程。

GPS的设计目标是创建一个通用的程序，能够解决广泛类别的问题，而不仅仅是特定领域的问题。纽厄尔和西蒙希望通过GPS来探索和模拟人类认知过程，特别是推理和决策过程。

GPS的核心思想是将问题解决看作一种搜索过程。在这种框架下，问题被表示为一种状态空间，其中每个状态表示问题求解过程中的一种情况，操作符（或规则）用于从一个状态转换到另一个状态。

GPS可以应用于多种类型的问题，包括数学证明、几何问题、逻辑推理等。它通过将问题表示为状态空间并采用启发式搜索来找到解决方案。GPS在人工智能和认知科学领域具有重要意义，尽管存在一些局限性，但它为后来的研究奠定了基础。

艾伦·纽厄尔和赫伯特·西蒙

9. 第一台能够有独创想法的机器诞生了

1957年，弗兰克·罗森布拉特（Frank Rosenblatt）在一台IBM-704计算机上模拟实现了一种被称为“感知器”（Perceptron）的神经网络模型。罗森布拉特在1958年发表论文写道：“长期以来，关于创造具有人类品质的机器的故事，一直是科幻小说领域的一个引人入胜的领域。然而，我们即将见证这样一种机器的诞生，一种能够在没有任何人类训练或控制的情况下感知、识别和辨认周围环境的机器。”

但很长时间里，很多人怀疑并认为：感知器无法重塑人与机器之间的关系。纵观历史，感知器的兴起和衰落开启了一个被称为“人工智能冬天”的时代。1971年Rosenblatt去世时，他的研究重点依然是把经过训练的老鼠大脑中的物质注射到未经训练的老鼠的大脑中。

经历了半个世纪，才证明罗森布拉特的感知器为人工智能铺平了道路。事实上，感知理论理引发了现代人工智能的革命。

发明感知器的弗兰克·罗森布拉特教授

10. 第一个人工智能语言诞生

麻省理工学院的约翰·麦卡锡于1959年创造了Lisp语言的第一个版本。该语言的第一个正式实现是在IBM704大型机上使用穿孔卡执行的。随后，在20世纪60年代至21世纪初，十多种主流语言被创造出来，并以各种方式使用。

约翰·麦卡锡创造了“人工智能”一词，
开发了人工智能界广泛流行的Lisp语言

Lisp语言是列表处理的缩写，是一种函数式编程语言，旨在方便地操作数据字符串。目前它作为最古老的编程语言之一仍在被一些人使用。在整个20世纪90年代，随着程序员选择更现代的编程语言，Lisp语言的流行开始消退。但是，计算机科学家和企业家保罗·格雷厄姆帮助Lisp语言重新引起了人们的兴趣。在21世纪初写的一篇题为《击败平均水平》的文章中，格雷厄姆写道：“他有兴趣在最新的创业组织的软件平台中使用Lisp语言来创造相对于其他人的竞争优势。”

11. 人工智能之父：约翰·麦卡锡的故事

1927年9月4日，美国马萨诸塞州波士顿迎来了一位未来的计算机科学巨匠——约翰·麦卡锡。麦卡锡小时候全家不断搬迁，从波士顿到纽约，再到洛杉矶。这样的生活经历，或许也塑造了他对未知世界的好奇心和探索欲。

麦卡锡从小就对科学和数学有着浓厚的兴趣。在中学时，他就自学了加州理工学院低年级的高等数学教材，并完成了所有的练习题。这份努力使得他在1944年进入加州理工学院后，可以免修前两年的数学课。1948年，麦卡锡获得加州理工学院数学学士学位，随后他前往普林斯顿大学研究生院进行深造，并于1951年获得数学博士学位。

麦卡锡的职业生涯始于他对人工智能的浓厚兴趣。在1948年9月的一次研讨会上，大数学家冯·诺伊曼关于自复制自动机的论文激发了他的好奇心。从那时起，麦卡锡便开始了在机器上模拟人类智能的尝试。虽然首次尝试未能成功，但他并未放弃。

前面已经提到，1956年，麦卡锡在达特茅斯学院举办的人工智能研讨会上首次提出了“人工智能”这一概念。

1958年，麦卡锡来到麻省理工学院（MIT），与另一位图灵奖获得者马文·明斯基一起成立了人工智能项目。从机器人学、计算理论和常识推理到人机界面等广泛领域他们都开展了开创性工作。同年，麦卡锡发明了Lisp语言，这是一种函数式程序设计语言，至今仍在人工智能领域广泛使用。

麦卡锡对人工智能和计算机科学做出了重要贡献

麦卡锡在MIT的成就远不止于此。他还提出了分时概念，使得多个用户可以同时共享计算资源，这一概念成为现代操作系统的基础。然而，他在1962年因个人原因离开了MIT，前往斯坦福大学，并在那里创建了斯坦福人工智能实验室。

在斯坦福大学，麦卡锡继续他的研究工作，对人工智能和计算机科学做出了重要贡献。他的工作不仅推动了人工智能的发展，也为计算机科学的发展开辟了新的道路。他的一生是计算机科学和人工智能领域的传奇，他的影响将永远铭记在人工智能的历史中。

然而，麦卡锡的故事并非只有科学和技术的光辉。他也是一个有着丰富人生经历的人。他曾驾驶飞机、攀登高山，还曾积极参与社会政治活动。他的同事和学生们都对他充满敬意和爱戴，他的人格魅力和学术精神都深深地影响着周围的人。

2011年10月24日，这位传奇的计算机科学家在睡梦中与世长辞，享年84岁。他的离世对人工智能和计算机科学领域都是沉重的损失，但他的贡献和传承将继续为后人所铭记和发扬光大。

12. 科学界的外星人——冯·诺依曼

冯·诺依曼被誉为20世纪最重要的数学家之一，被称为“计算机之父”和“博弈论之父”，甚至有人称他为“科学界的外星人”。他有一句名言：“如果人们不相信数学简单，那是因为他们不知道真实世界有多复杂。”

思想家约翰·冯·诺伊曼（右）于1956年获得艾森豪威尔总统颁发的自由勋章

（1）冯·诺依曼的智商有多高?

冯·诺依曼是一位智商极高、记忆力超强的天才，是人类历史上最杰出的数学家之一。然而，这样一个天才却只在世上活了53年，实在令人惋惜。

无论在哪种语言的计算机书籍和论文中，冯·诺依曼的名字总是与另一位“计算机之父”图灵一起被反复提及。图灵建立了图灵机的理论模型，奠定了人工智能的基础，而冯·诺依曼则提出了计算机体系结构的设想。

冯·诺依曼终生沉迷于思考，学术成就丰厚。但由于思考和计算速度太快，他并不是一个好的讲师。学生们常常抱怨他在黑板上写下长长的方程式后，没等他们抄完就擦掉了。

（2）冯·诺依曼的计算速度有多快?

有一次，诺贝尔物理学奖（简称“诺奖”）得主塞格雷和另一位诺奖得主为一个积分问题争论了一个下午，却毫无进展。他们看到冯·诺依曼经过，就请他帮忙。冯·诺依曼看了一眼黑板，三秒钟内就给出了答案，这让他们目瞪口呆。

据说，冯·诺依曼在火车上时，计算速度更快，还能背诵整本的《双城记》。

冯·诺依曼因癌症去世，很多人认为他的癌症与他曾参与的比基尼环礁核试验有关。从确诊到去世，他坚持了18个月。这期间，他在医院完成了最后一部作品《计算机与人脑》，对比了计算机和人脑，为机器人研究指明了方向。

冯·诺依曼的传奇故事不仅展示了他的天才和才华，也提醒我们珍惜每一位伟大科学家的贡献。

13. 图灵团队一些有趣的故事

以下是图灵团队一些有趣的故事，这些故事展现了图灵团队在成长过程中的独特时刻，充分体现了团队的创新精神，也体现了信念的力量。

（1）无畏的“夜猫子”团队

图灵初创时期，团队成员们经常因为创意的碰撞而废寝忘食，在夜深人静之时，他们的办公室仍然灯火通明。有人打趣说，图灵的成功靠的是“夜猫子”团队的努力。这群年轻人常常会在午夜突然迸发出灵感，并立刻进行头脑风暴，将想法变成现实。一次，他们在凌晨两点的咖啡机旁无意间聊起了一个想法，最终将其演变成了后来公司的核心产品之一。这种无畏的精神和随时随地的创意碰撞，正是图灵早期创新文化的缩影。

（2）自行车上的头脑风暴

图灵的创始人们还喜欢通过骑自行车来放松身心，并在运动中激发灵感。一次，他们在骑行途中聊到了如何改进一款产品的用户体验。大家在路上你一言我一语，讨论得热火朝天，几乎忘了目的地。骑行结束后，他们立刻回到公司，将这些讨论整理成一份详细的方案，最终这个改进版产品在市场上取得了巨大成功。自行车上的头脑风暴成为了图灵独特的创新方式，也成就了许多成功的产品。

（3）“从失败中汲取灵感”的奇妙转折

图灵的一款早期产品曾遭遇过市场的冷遇。起初，团队的士气低落，但他们并没有因此放弃。相反，他们开始认真反思，寻找失败的原因。经过深思熟虑，他们决定对产品进行彻底的改版。在这个过程中，他们无意间发现了一些原本被忽视的用户需求，这个发现促使他们创造出了一款全新的产品。这款产品不仅扭转了公司当时的局面，还成为了图灵在行业内的一个标志性产品。这次“从失败中汲取灵感”的经历，成为了图灵团队永不放弃、勇敢创新的典范。

（4）团队中的“神秘小纸条”

图灵的办公室中有个有趣的传统——“神秘小纸条”。每当有人完成了一项重要任务或取得了突破性进展，团队中的某个人会悄悄在他的桌子上留下一个小纸条，上面写着鼓励的话语或幽默的图画。没有人知道这些纸条的真正来源，但它们总能让收到的人感到温暖和鼓舞。这个传统不仅增强了团队的凝聚力，还让工作氛围充满了趣味和惊喜。

结语：这些有趣的故事不仅展现了图灵团队的创造力和坚持精神，还反映了他们独特的工作文化和团队氛围。在图灵，这些故事不断激励着团队成员勇敢追梦，不畏挑战。

六 | 人工智能的形成期

20世纪50年代末到60年代是一个创造的时代。这一时期，科学家们开发了许多至今仍在使用的编程语言。此外，在机器学习、自然语言处理和计算机视觉等领域也取得了重要进展。这一时期的创新不仅限于技术领域，机器人概念在科幻文学和电影中也得到了广泛探索。这一时期的科幻作品不仅激发了公众对人工智能的兴趣，也为研究人员提供了丰富的灵感。

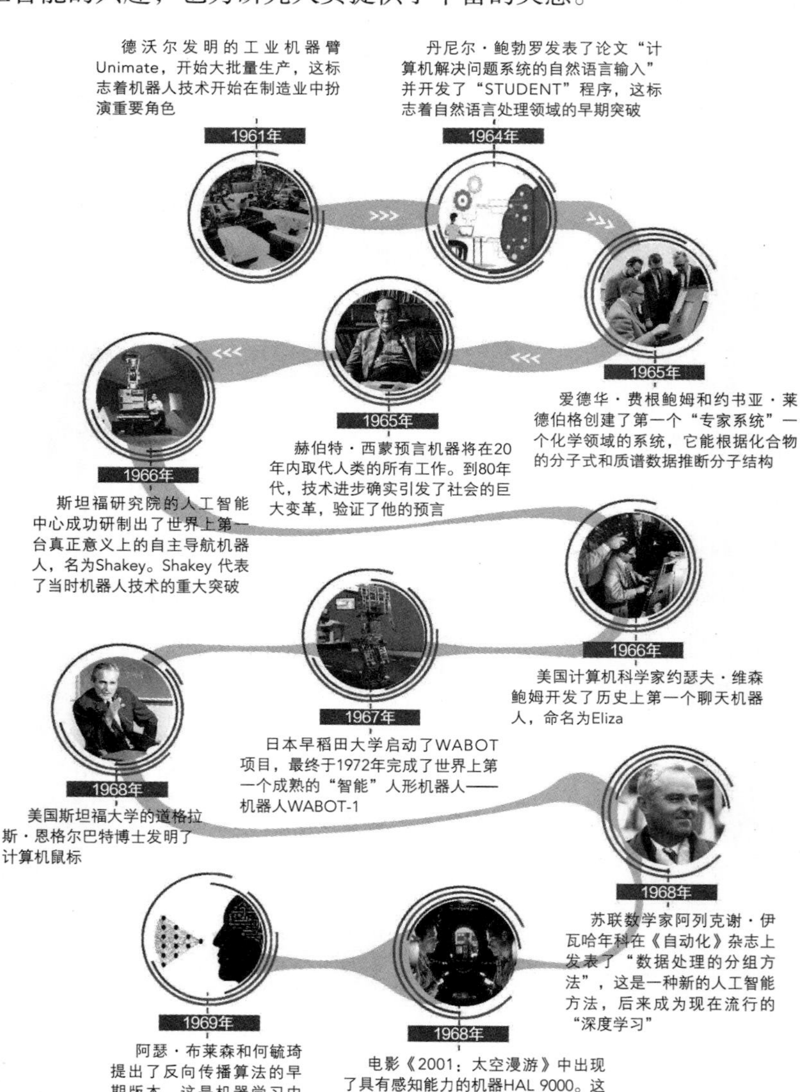

1. 世界上第一个工业机器人诞生了

乔治·德沃尔被称为“机器人之父”，他是一位多产的发明家，早期发明成就包括自动门、光电条形码阅读器和磁记录系统。1954年，他为自己最著名的发明——世界上第一个工业机器人“Unimate”提交了专利申请。

“Unimate”首先被应用在新泽西州的通用汽车公司的装配线上工作，任务是运输汽车上的模具和焊接零件。这一创新大大提高了生产效率和工作安全性。到1961年，Unimate 1900系列成为第一个大批量生产的工厂自动化机械臂，迅速在工业界引起了广泛关注和应用。不久之后，大约有450台这种机器被用于压铸，这标志着机器人技术开始在制造业中扮演重要角色。

1961年，在汽车装配线上工作的机器人Unimate

乔治·德沃尔的发明不仅仅是技术上的突破，更是工业自动化进程中的里程碑。他的工作为现代机器人技术的发展奠定了基础，使得机器人在各个领域中得到了广泛应用，从而彻底改变了我们的生产方式和生活方式。

1956年，乔治·德沃尔（右）在一个鸡尾酒会上遇到约瑟夫·恩格尔伯格（左）

乔治·德沃尔和约瑟夫·恩格尔伯格开始谈论德沃尔的最新发明，恩格尔伯格对机器人有着深深的迷恋。1957年，恩格尔伯格说服了Condec的首席执行官为德沃尔的发明提供资金支持。经过近两年的开发，一款Unimate的原型机诞生了。

2. 一款理解自然语言（英语）的计算机程序

在“人工智能”一词诞生八年后，1964年，丹尼尔·鲍勃罗（Daniel Bobrow）撰写了一篇题为《计算机解决问题系统的自然语言输入》的论文，并开发了一款名为“STUDENT”的程序。他借此在麻省理工学院获得博士学位论文，该论文描述了一款计算机程序，该程序可以接受并“理解”英语。让机器“理解”英语本身就存在一些困难，但鲍勃罗编写的程序则可以解决或规避这些问题，并指出一种普遍适用性的解决方案。

STUDENT程序的开发是早期自然语言处理（NLP）领域的一项重要突破。鲍勃罗的研究展示了计算机可以通过理解自然语言来执行复杂的任务，而不仅仅是简单的字符串匹配。STUDENT程序能够处理的代数问题，包括求解简单方程和计算基本的数学运算，这是当时计算机科学的一个重大进步。

鲍勃罗的工作在多个方面具有深远的影响。首先，他为自然语言理解和人工智能的进一步研究提供了重要的基础。其次，STUDENT程序的开发展示了计算机可以在教育领域发挥作用，通过自动化的方式帮助学生解决数学问题。

自然语言处理（Natural Language Processing，NLP）是计算机程序理解人类语言的能力，简称为“自然语言”。它是人工智能的一个组成部分。

自然语言处理

3. 第一个“专家系统”诞生了

20世纪60年代初，计算机科学家爱德华·费根鲍姆（Edward Feigenbaum）开始对“创建科学家思维过程的模型，特别是从数据中推断假设和理论的经验归纳过程”感兴趣。1965年，爱德华·费根鲍姆和遗传学家约书亚·莱德伯格

（Joshua Lederberg）（诺贝尔奖得主）创造了世界第一个“专家系统”，也称“DENDRAL”。DENDRAL是一个化学专家系统，能根据化合物的分子式和质谱数据推断化合物的分子结构。

“专家系统”代表了人工智能进化的一个新阶段，专家系统也是人工智能的一个重要分支，它的关注点是知识，特别是专业（窄）领域专家的知识，尤其是他们的启发式知识。它可以看作是一类具有专门知识和经验的计算机智能程序系统，一般采用人工智能中的知识表示和知识推理技术来模拟通常由领域专家才能解决的复杂问题。

1964年4月，爱德华·费根鲍姆遇到了约书亚·莱德伯格，他们一起测试“专家系统”程序

4. 赫伯特·西蒙最早提出人工智能将取代人类工作的预言

赫伯特·西蒙是人工智能的创始人之一，他开创了人工智能的基础，重新定义了人类认知的心理学。1978年，赫伯特·西蒙获得诺贝尔经济学奖，当时没有其他科学家比他更了解机器的未来和计算机的重要性。

在1965年的一个寒冷冬日，赫伯特·西蒙在他的办公室里对未来进行了一次大胆的预言。他用一杯咖啡暖着手，深思熟虑后说道：“在接下来的20年里，机器将能够完成所有我们现在认为只有人类才能完成的工作。”他的这番话在当时听起来像是一种天方夜谭。

时光荏苒，到了20世纪80年代，个人电脑的出现引发了广泛的关注和担忧。许多人对新技术感到恐惧，担心自己的工作会被这些冷冰冰的机器取代。这种恐惧不仅仅是无稽之谈，因为个人电脑的普及确实带来了许多传统职业的消失。例如，曾经繁忙的铅字印刷车间和珠算会计的办公室，如今都变得冷清许多。正如西蒙预言的那样，技术的进步确实引发了社会的巨大变革，并逐渐实现了他当年的预言。

同样，在2023年3月，特斯拉总裁埃隆·马斯克在一场引人瞩目的活动中提出了一个令人震惊的预测。他表示，未来的人形机器人将会在数量上超越人类，甚至达到1∶1的比例。这意味着，我们即将进入一个智能机器人不仅与人类平等共存，甚至可能数量更多的社会。

西蒙的学生称赞他是一位受“思想和追求知识”驱动的“智慧和正直”的人

5. 赫伯特·西蒙：跨界智者与人工智能的奠基者

在美国威斯康星州的米尔沃尔，1916年的一个夏日，赫伯特·西蒙诞生了。他的父亲是一名在德国出生的电气工程师，而母亲则是一位多才多艺的钢琴演奏家。这样的家庭背景，为西蒙日后的学术生涯埋下了伏笔。

西蒙从小就展现出了对知识的渴望和好奇心。他不仅在学术上表现出色，更对未知世界充满了探索的热情。在芝加哥大学，他攻读政治学，并于1936年以优异的成绩获得了政治学学士学位。毕业后，他加入了国际城市管理者协会，迅速成为了一名用数学方法衡量城市公用事业效率的专家。正是在这里，他初次接触到了计算机，这一新兴技术激发了他浓厚的兴趣，也为他日后的研究开辟了新的道路。

西蒙的学术生涯充满了跨界与融合。他不仅在政治学领域取得了显著成就，更将触角伸向了管理学、经济学、心理学和计算机科学等多个领域。他的理论对管理学的发展产生了方向性的影响。因此，他被誉为决策理论的大师。1978年，他凭借在管理学领域的杰出贡献，荣获了诺贝尔经济学奖。

然而，西蒙的成就远不止于此。他还是人工智能领域的先驱之一。1956年夏天，在达特茅斯学院的一次历史性会议上，西蒙与纽厄尔等人共同探讨了如何用计算机模拟人的智能，并正式将这一学科领域命名为“人工智能”。他们带到会议上的“逻辑理论家”软件，是当时可以工作的人工智能软件之一，引起了与会代表的极大兴趣与关注。因此，西蒙、纽厄尔以及达特茅斯会议的发起人麦卡锡和明斯基被公认为是人工智能的奠基人，被称为“人工智能之父”。

西蒙的学术生涯充满了创新和突破。他提出了有限理性理论，挑战了古典经济学和新古典经济学的理性人假设。他认为，由于人脑计算能力的局限性，人们会在有限的经验里挑选最能满足当前条件的决策，即人类决策的最终目标不是理性最优解，而是有限理性下的最令人满意的解。这一理论的提出，得益于他早期为密尔沃基市政府研究财政支配方案时的经验和观察。

在人工智能领域，西蒙同样取得了卓越的成就。他开发了最早的下棋程序之一MATER，并致力于研究人类如何做决策。他发现，计算机可以通过经验筛选，选出最适合当下环境的决策，这个过程与脑容量有限的人类在面对复杂环境会从经验库里搜索出最令人满意的决策如出一辙。这一发现为人工智能的发展提供了新的思路和方法。

西蒙的一生充满了传奇色彩

赫伯特·西蒙的故事告诉我们，真正的智者是不受学科界限束缚的。他们敢于跨界探索，勇于挑战传统观念，不断推动人类知识的进步和发展。

6. 第一台真正意义上的自主导航机器人诞生

1966年，斯坦福研究院的人工智能中心研制出来了世界上第一台真正意义上的自主导航机器人（命名为Shakey）。虽然Shakey只能解决简单的感知、运动规划和控制问题，但它却是当时将人工智能应用于机器人制造的最成功的案例。Shakey装备了电视摄像机、三角测距仪、碰撞传感器、驱动电机以及编码器，并通过无线通信系统由两台计算机控制，可以进行简单的自主导航。

在研制Shakey的过程中，研究人员还开发出来了两个经典的导航算法，A*搜索算法和可视图法。A*搜索算法是用于路径查找和图形遍历的最佳且流行的技术之一。可视图法是指在计算几何和机器人运动规划中，可见性图是可见位置的图，通常是欧几里得平面中的一组点和障碍物；图中的每个节点表示一个点位置，每条边表示它们之间的可见连接。随着计算机的应用和传感技术的发展，以及新的机器人导航算法的不断推出，移动机器人研究从21世纪开始进入快车道。

世界上第一台真正意义上的自主导航机器人——Shakey

7. 第一款聊天机器人诞生了

1966年，美国计算机科学家约瑟夫·维森鲍姆开发了历史上第一个聊天机器人，命名为Eliza。这个聊天机器人模仿了以人为中心的心理治疗师或顾问的风格，旨在进行自然语言对话。Eliza的名字灵感来自爱尔兰戏剧《卖花女》中的角色伊丽莎（Eliza），剧中的伊丽莎通过学习上流社会的交流方式，最终成为大使馆舞会上的“匈牙利王家公主”。这个名字为Eliza赋予了一层戏剧性的内涵。

虽然当时已有一些基本的数字语言生成器，可以输出简单的文本，eliza是第一个实现“人与计算机之间对话”的应用。用户可以通过打字机输入自然语言，Eliza会给出机器的响应，标志着人类与计算机互动的新篇章。

1966年，维森鲍姆在展示“Eliza”，“Eliza”模拟的心理治疗师与一个客户交流

8. 世界上第一台智能人形机器人WABOT-1诞生了

1967年，一个激动人心的项目在日本早稻田大学悄然启动。这是一个名为WABOT的项目，目标是创造出世界上第一个真正成熟的“智能”人形机器人。经过几年的艰苦努力，1972年，WABOT-1终于诞生了，它不仅是一个技术奇迹，更是人类智慧与工程梦想的结晶。

WABOT-1不仅仅是一个金属和电线的组合，它拥有一套复杂而精密的肢体控制系统。这个系统使得它能够用下肢自如地行走，仿佛一个真正的生命体。它的手臂配备了触觉传感器，使得它能够准确地抓住和搬运物体。

但WABOT-1的奇迹并不仅限于此。它的视觉系统是另一个令人叹为观止的创新。通过外部感受器、人工眼睛和耳朵，WABOT-1能够测量物体的距离和方向，就像拥有了精准的感知器官。它甚至配备了对话系统，能够用日语与人类交流，仿佛它不仅仅是一个机器人，更是一个能够理解语言并进行回应的伙伴。

WABOT-1的每一个动作和每一次交流中，都蕴含着人类对未来的无限憧憬与梦想。它的诞生不仅为机器人技术的发展注入了新的活力，也让人们看到了科技与想象力结合的美好未来。这个机器人，承载了早稻田大学的雄心壮志，也标志着人类在智能机器人领域迈出了坚定的一步。

人形机器人之父加藤一郎于1967年启动WABOT-1人形机器人计划

9. 人形机器人之父：加藤一郎的传奇人生

作为日本研究机器人较早的大学之一，早稻田大学孕育了无数科技梦想，其中最为耀眼的，莫过于加藤一郎教授和他的加藤实验室。但在这辉煌的背后，加藤一郎教授有一段不为人知的童年故事。

加藤一郎出生在一个普通的日本家庭，他的童年并不像其他孩子那样无忧无虑。他的父亲是一位普通的工程师，母亲则是一位勤劳的家庭主妇。在那个年代，科技还没有像现在这样发达，机器人更是遥不可及的概念。但加藤一郎从小就展现出了对机械和科技的浓厚兴趣。

由于家庭经济条件有限，他无法像其他孩子那样拥有许多玩具和电子产品。但这并没有阻止他对科技的追求和探索。他常常利用废旧物品和零件来制作自己的“发明”，这些看似简陋的作品却蕴含着他无尽的创意和想象力。

他还常常在放学后，独自一人在家里拆解和组装各种小玩意儿，试图了解它们的工作原理。每当他成功地修复了一个损坏的玩具或制作了一个简单的小机器时，他的脸上都会洋溢着满足和自豪的笑容。这种对科技的热爱和好奇心，成为了他日后走上科技研究道路的基石。

随着年龄的增长，加藤一郎逐渐展现出了他在科学领域的天赋。他考入了东京帝国大学（现为东京大学），专攻电子工程和人工智能。在大学里，他如饥似渴地学习着各种前沿知识，并积极参与各种科研项目。他深知，只有通过不断地学习和实践，才能实现自己儿时的梦想——创造出能够像人一样思考和行动的机器人。

在早稻田大学的日子里，加藤一郎教授创立了加藤实验室，并带领团队踏上了人形机器人研究的道路。1967年，WABOT项目在加藤实验室悄然启动。经过五年的不懈努力，1972年，世界上第一个全尺寸人形“智能”机器人WABOT-1诞生了！这个身高约2米、重160千克的庞然大物，不仅拥有两只手、两条腿和26个关节，还搭载了肢体控制系统、视觉系统和对话系统。它的出现震惊了全世界，也标志着人形机器人技术的一个重大突破。

1969年日本早稻田大学加藤一郎实验室研发出第一台以双脚走路的机器人

在WABOT-1之后，加藤一郎教授又带领团队研发了擅长艺术表演的WABOT-2。这款机器人不仅拥有与日本人进行自然对话的能力，还能用眼睛看乐谱，用手脚灵活地演奏电子琴。它的实力惊人，能够演奏中级难度的音乐，还能识别歌声并进行转录或伴奏。

加藤一郎教授被誉为“人形机器人之父”，他的成就不仅在于创造了WABOT-1和WABOT-2这两款具有里程碑意义的机器人，更在于他为人形机器人的研究和发展奠定了坚实的基础。

然而，命运总是充满了变数。1994年，这位伟大的科学家永远地离开了我们。但他的精神和成就却给人们带来了无尽的启发，如今，我们已经能够看到越来越多具有智能和情感的机器人出现在我们的生活中。它们不仅能够帮助我们完成各种任务，还能成为我们的朋友和伙伴。

10. 一种模拟大脑思维过程的算法诞生了

阿列克谢·伊瓦哈年科（1913年3月30日—2007年10月16日）是一位数学家，他开发了数据处理分组方法（GMDH这是一种归纳统计学习方法），他被称为“深度学习之父”。

1968年，苏联数学家阿列克谢·伊瓦哈年科（Alexey Ivakhnenko）在《自动化》杂志上发表了一篇开创性的论文，介绍了“数据处理的分组方法”（Group Method of Data Handling，GMDH）。这篇论文标志着一种全新人工智能方法的诞生，为后来的深度学习技术奠定了基础。

GMDH是一种先进的数据建模技术，旨在通过机器学习自动从数据中提取有用的信息和特征。它的核心思想是利用自组织的神经网络结构来构建复杂的预测模型。这种方法的独特之处在于它能够自动选择和优化模型结构，进而进行数据建模和特征提取。

与传统的数据分析方法不同，GMDH通过不断地模型训练和调整，使得系统能够在处理复杂数据时自动发现潜在的模式和关系。它不依赖于预设的模型结构，而是通过自我学习和调整来适应数据的复杂性。因此，GMDH被称为感应学习算法或自组织算法，特别适用于复杂系统的分析和预测任务。

伊瓦哈年科的GMDH方法不仅在理论上具有创新性，还为实际应用中的数据建模提供了强大的工具。它的出现预示着数据处理和分析技术的一次重大突破，为后续的发展奠定了重要基础，并对深度学习和人工智能领域产生了深远的影响。

阿列克谢·伊瓦哈年科

11. 第一个计算机鼠标被发明出来了

1968年12月9日，美国斯坦福大学的道格拉斯·恩格尔巴特博士发明了计算机鼠标。这个鼠标外形像一个小木盒子，底部装有一个小球，通过球的转动带动内部的枢轴，改变电位器的阻值，从而产生位移信号并传送到计算机。这种创新设计使得计算机的操作变得更加直观和灵活。

恩格尔巴特设计鼠标的初衷是为了替代复杂的键盘指令。他当时考虑了其他设备，如光笔和操纵杆，但这些设备要么不够精确，要么操作复杂。经过大量实验和调整，恩格尔巴特发现鼠标能够最有效地提高计算机操作的简便性和效率。这个发明不仅改变了人们与计算机互动的方式，也为后续的图形用户界面（GUI）和个人计算机革命奠定了基础。

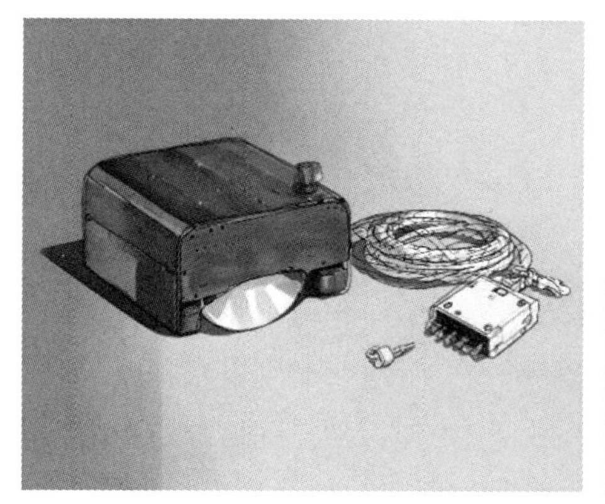

1964年，计算机鼠标的第一个原型被制作出来，
用于图形用户界面（GUI），即“窗口”

12. 电影《2001：太空漫游》的哈尔是一台有感知能力的机器

《2001：太空漫游》是科幻电影，1968年上映，原著是科幻小说教父克拉克（Arthur C. Clark，也是地球同步卫星的发明人）。影片没有打打杀杀，却有古典音乐衬托下的对未来科技的期待与幻想。

影片中的宇宙飞船舱内装备一台HAL 9000人工智能机器（也称“哈尔”），哈尔的IQ超过人类，并且了解人类的情感，却冷酷无情。后来因怀疑航天员不再信任它，可能要把它关掉，竟然用计将航天员一一杀害。

如今，距2001年已经过去20多年，但今天看这部1968年的电影却一点也不觉得过时，不是因为电影的特效做得好，而是因为今天的计算机还没这么聪明，但计算机的IQ超过人类的情景恐怕指日可待了。

《2001：太空漫游》中的场景

航天员躲在另一个实验舱里，谈论核心舱内的人工智能机器哈尔令人不安的行为。在背景中，哈尔能够读懂他们对话的唇语

13. 广泛适用于多层神经网络的训练的反向传播算法

1969年，阿瑟·布莱森（Arthur Bryson）和何毓琦（Yu-Chi Ho）提出了反向传播算法的早期版本。这一算法在机器学习领域中具有重要地位，它为多层人工神经网络的训练提供了理论基础，并且对2000年以来深度学习的飞速发展产生了深远的影响。反向传播算法的引入使得神经网络能够更高效地进行学习和优化，推动了人工智能技术的突破和应用。

阿瑟·布莱森是斯坦福大学的教授，被誉为“现代最优控制理论之父”；何毓琦是美籍华人数学家和控制理论学家，曾在哈佛大学和清华大学任教。此算法的提出不仅推动了神经网络的发展，也奠定了现代深度学习的理论基础。

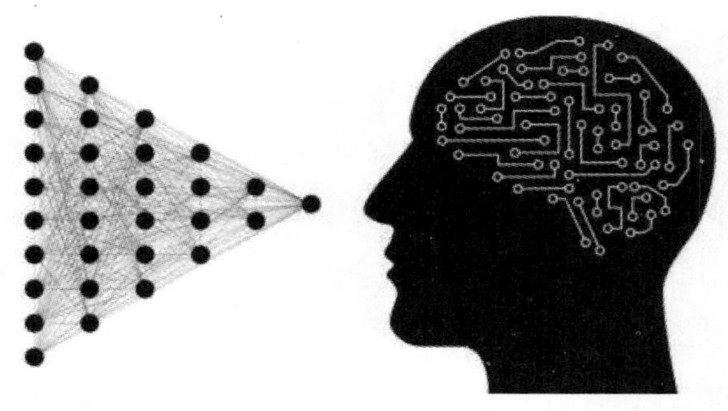

人工神经网络模型的灵感来源于生物神经网络，但训练它则需要反向传播算法

14. 人类智能（大脑）与人工智能（人工神经网络）的比较

人工智能/机器学习/深度学习/神经网络系统经常被比作人脑，但在结构和功能上两者几乎没有任何共同之处。

人类大脑和人工神经网络之间有几个关键的区别：

①人类的大脑远比人工神经网络复杂；

②人类的大脑能比人工神经网络更快地学习和适应；

③人类大脑能够产生新的想法和概念，而人工神经网络仅限于它们接收到的数据特征。

人工神经网络是受生物神经网络启发的计算系统，但与生物神经网络没有任何共同点。人工神经网络是数字随机网络，它们是数值的，而不是神经的。

根据概率论，人工神经网络是随机数字网络，使用随机模型作为回归模型和马尔可夫链模型或蒙特卡罗模拟。

随机现象的随机建模意味着预测一组结果，而确定性建模则意味着预测单个结果。

人类的语言活动，无论是写文章、发表言论还是说话，看起来都是随机的，可以使我们的行为具有独创性、创造性和创新性。你可能永远不知道接下来会出现什么单词、短语或句子。

从客观上看，世界是一个无限随机但已知的环境，各种随机现象和过程可以由随机变量或随机数据描述。但作为一个智能主体，人类对规则、句法、语义、语用、逻辑和本体论都有一定的理解，可以调节交流的信息熵，使其不那么随机，更容易理解。

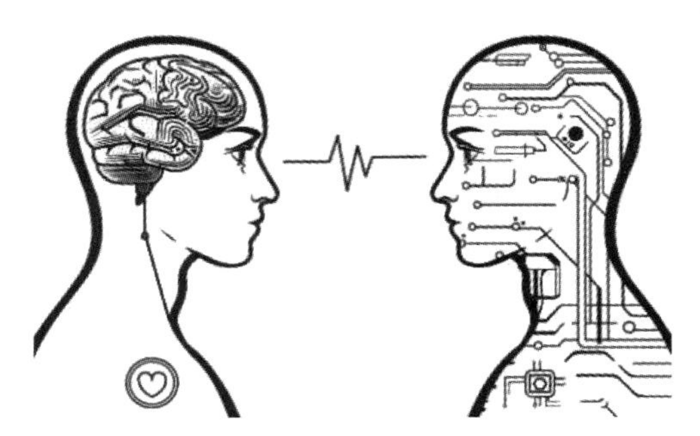

人工神经网络模型是一种完全由相互连接的人工神经元组成的认知架构

人工神经网络模型能够从“白板”状态开始，通过与人类对话者的交流，学会使用人类语言进行交流（反向传播算法的概念）

15. 人工神经网络的工作原理

人工神经网络的灵感来源于生物神经网络，而被人工智能所同化。神经网络的概念就是创建统计推理，根据过去学到的东西，并得益于一个学习“基础”，它将根据它的输入数据做出决定。分类决策是在考虑与已知类别相似的概率的情况下进行的，也被称为“经验学习”。总之，神经网络作为一种统计手段，有助于决策。

人工神经网络的具体工作步骤：

- 输入数据（图中左侧黑色箭头）；
- 使用加权标准进行数据分析（图中的圆和连接线）；
- 以一定程度的概率作为输出的分类选择（图中右侧的黑色箭头）。

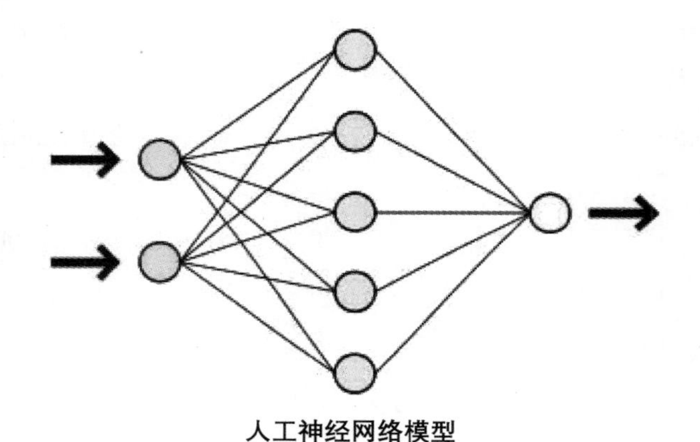

人工神经网络模型

七 | 人工智能经历的第一个“冬天”

人工智能在20世纪50年代和60年代的早期成就，导致人工智能领域的知名人士对未来发展前景估计过高，比如他们认为人工智能机器人将在10年内实现普通人执行日常任务的智能水平。这些雄心勃勃的预测与20世纪70年代和80年代令人失望的成就相差甚远，导致科学和商业研究活动急剧下降，进而造成资金来源枯竭和发展停滞不前，直到20世纪90年代才真正复苏。

芬兰硕士生塞波·林奈玛首次提出现代反向传播算法，尽管当时没有提及神经网络，但今天所有用于神经网络的现代软件包都是基于塞波·林奈玛的反向传播算法

Intel在《电子新闻》上刊登广告，宣布了Intel®4004的诞生，标志着集成电子新时代的到来，这个广告迅速引起了业界的关注

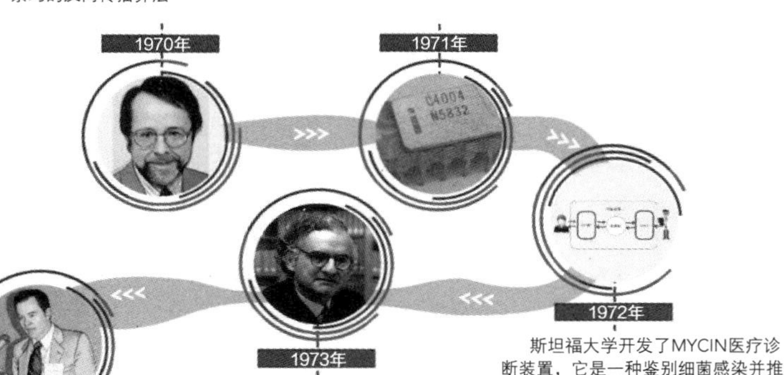

斯坦福大学开发了MYCIN医疗诊断装置，它是一种鉴别细菌感染并推荐抗生素的医疗诊断专家系统

英国科学家迈克尔·詹姆斯·莱特希尔批评人工智能领域不像科学家们预测那样“强大”，导致英国政府、美国国防部对人工智能研究的支持和资助大大减少，人工智能领域的研究进入了“冬季”

1974年

哈佛大学保罗·J·沃波斯，在他的博士论文中首次系统地提出了反向传播算法用于训练人工神经网络。这一算法通过计算误差的梯度并将其反向传播，从而优化神经网络的权重，是现代深度学习的核心算法之一

瑞迪团队研发了 Hearsay Ⅰ 和Harpy识别系统，Hearsay Ⅰ 是世界上最先有能力执行连续语音识别的系统之一

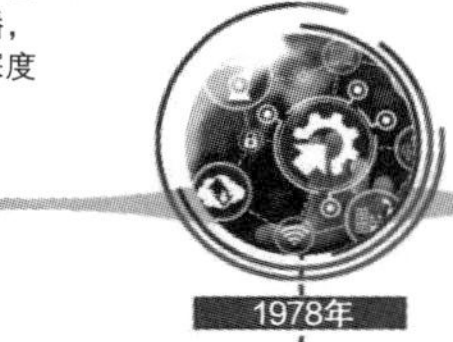

用于电脑销售过程中为顾客自动配置电脑零部件的专家系统XCON诞生了

斯坦福车在没有人干预的情况下，花了大约5个小时成功地穿过了一个摆满椅子的房间，成为自动驾驶汽车最早的例子之一

美国人工智能协会成立，2007年更名为“人工智能促进协会”（Association for the Advancement of Artificial Intelligence，AAAI）

日本科学家福岛邦彦开发了一种神经认知机，它是一种分层的多层人工神经网络，可以模仿大脑的视觉网络，这种“洞察力”也是现代人工智能技术的基础

1. 发明了现代反向传播算法

赫尔辛基大学（University of Helsinki）的研究生塞波·林奈玛（Seppo Linnainmaa）在1970年完的硕士论文《算法累积舍入误差的tay表示》（*The representation of the cumulative rounding error of an algorithm as a Taylor expansion of the local rounding errors*）。在这篇论文中，首次描述了在任意、离散的稀疏连接情况下的高效误差反向传播算法。这一算法的提出为自动微分的反向模式奠定了基础。

林奈玛的研究重点在于如何高效地计算复杂函数的导数，这在当时是一个重要的数学和计算问题。尽管当时林奈玛的研究并未直接提及神经网络，但他的工作展示了如何通过链式法则，逐步将误差从输出层反向传播到输入层，从而计算每个参数对最终输出的影响。这个过程被称为反向模式自动微分，它不仅在神经网络训练中具有重要应用，在很多其他需要高效导数计算的领域也有广泛应用。

随着时间的推移，反向传播算法被引入神经网络的训练过程中，使得多层神经网络的训练变得可行。这一突破性进展为深度学习的兴起铺平了道路。到2020年，几乎所有用于神经网络的现代软件包都基于林奈玛1970年的方法实现了反向传播算法。这些软件包的出现极大地推动了深度学习的普及和应用，涵盖了从图像识别到自然语言处理等众多领域。

学术界公认的发明反向传播算法的芬兰硕士生塞波林奈玛

2. 世界上第一个微处理器诞生了

1971年，Intel从日本计算机公司购买了版权，并在11月15日的《电子新闻》上发布了一则广告：“宣布集成电子的新时代”，推出了Intel® 4004处理器及其芯片组。就在那时，Intel® 4004成为市场上第一个通用可编程处理器，工程师可以购买一个“构建块”，然后用软件进行定制，在各种电子设备中执行不同的功能。

第一台Intel® 4004微处理器是在2英寸（约5.08厘米）晶圆上生产的，尺寸为3毫米×4毫米，外层有16只针脚，内有2300个晶体管，采用五层设计、10微米制程，能够以60000次每秒的速度执行运算。这在当时是一个巨大的技术飞跃，使得计算机的设计和应用进入了一个全新的时代。

世界第一个微型处理器Intel®4004

3. 在第一个微处理器Intel® 4004的诞生过程中发生的有趣故事

（1）起源于计算器的需求

最初，这个项目并不是为了创造一颗微处理器。1969年，日本计算器公司“Busicom”找到了Intel（英特尔）公司，要求他们设计一套用于新型计算器的芯片组。Busicom公司希望这套芯片组能包括多个专用芯片，每个芯片执行特定的功能。

（2）联合开发和大胆创新

当时，Intel公司的工程师费德里科·法金（Federico Faggin）和他的团队接手了这个项目。法金意识到，与其设计多个专用芯片，不如设计一个通用的处理器芯片，再通过软件来控制它执行不同的功能。这一想法不仅大胆，还能够大大简化设计并降低成本。

（3）关键人物

另一个关键人物是英特尔的工程师泰德·霍夫（Ted Hoff）。霍夫是最早提出使用一个单一芯片来取代Busicom公司的原方案的工程师之一。他和法金一起，克服了许多技术挑战，最终实现了这个革命性的设计。

（4）商业决策

在设计完成后，Busicom公司因财务问题决定放弃该项目。Intel公司抓住机会，购买了Busicom公司对这款处理器的所有权利。这一决策后来被证明是Intel公司历史上最重要的商业决定之一。

4. 第一个医疗诊断专家系统

1972年，斯坦福大学开发了MYCIN医疗诊断装置，它是一种鉴别细菌感染并推荐抗生素的医疗诊断专家系统。MYCIN也是一个用于治疗血液感染的人工智能程序。MYCIN根据用户症状信息和医学检查结果进行推理，推理过程不断地要求患者进一步提供相关信息，还会建议患者再进行一些额外的实验室检查，以得出更加准确的诊断结论。

如果有必要，MYCIN还将进一步详细解释诊断的结果和治疗方案的原因，其推理过程中大约使用500条生产规则。实验证明，MYCIN的诊断能力与血液感染方面的人类专家水平相当，甚至比全科医生要好得多。

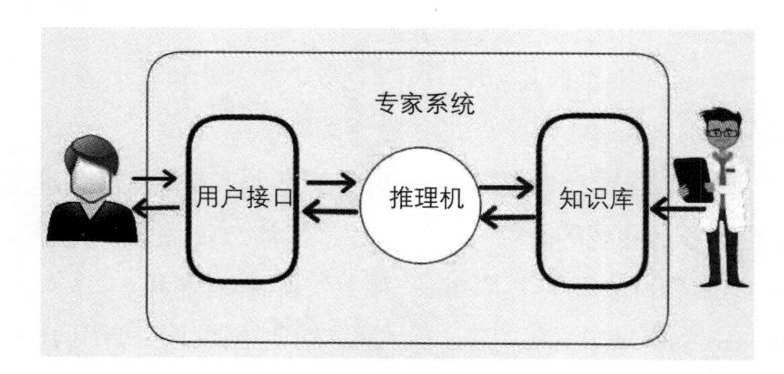

MYCIN是人工智能领域最著名的专家系统之一

它是由爱德华·肖特利夫和他的团队于20世纪70年代初在斯坦福大学开发的系统

5. 第一个医疗诊断专家系统项目背后的一些有趣故事

最初，MYCIN的开发是为了探索人工智能在医学诊断中的潜力。开发团队由计算机科学家和医学专家组成，他们共同努力，旨在将复杂的医学知识转化为计算机可理解和执行的规则。

开发过程中，团队遇到了许多挑战。一个有趣的例子是，他们发现医生有时会根据经验和直觉做出诊断，而不是严格按照教科书上的知识。这促使团队在MYCIN中加入了类似的推理机制，使其能够灵活应对各种情况，而不仅仅依赖固定的规则。

MYCIN的成功不仅展示了人工智能在医疗领域的巨大潜力，也引发了广泛的讨论和研究，推动了专家系统和知识工程的发展。尽管MYCIN本身没有被广泛应用，但它的研究成果为后来的医疗人工智能系统奠定了基础，影响深远。

6. 人工智能领域发展进入低谷

迈克尔·詹姆斯·莱特希尔（Michael James Lighthill）是一位英国应用数学家，以其在空气声学领域的开创性工作而闻名。1973年，他针对英国人工智能研究状况，向英国科学委员会提交了一份报告，强调人工智能领域不像科学家们预测那样“强大”，批评了人工智能在实现其“宏伟目标”上的完全失败，导致英国政府对人工智能研究的支持和资助大大减少，使英国人工智能研究进入了低潮。

这一报告不仅影响了英国，甚至波及了美国。美国国防部高级研究计划局（DARPA）也对卡内基梅隆大学（Carnegie Mellon University， CMU）的语音理解研究项目深感失望，从而取消了每年三百万美元的资助。从整个世界范围看，到了1974年，已经很难再找到对人工智能项目的资助，人工智能领域的研究进入了所谓的“冬季”。

迈克尔·詹姆斯·莱特希尔

他撰写的报告指出：“迄今为止，在（人工智能的）任何领域，所取得的发现都没有产生当时所承诺的重大影响。”

7. “叫停人工智能经费支撑”的前因后果

莱特希尔报告的发布背景以及其影响力背后有个有趣的现象。莱特希尔本身并不是人工智能领域的研究者，而是以一个外部评审者的身份来评估这一领域的。他的报告之所以产生如此大的影响，一方面是因为其权威数学家的身份，另一方面是由于当时人工智能领域确实面临着很多技术瓶颈，许多早期的乐观预测未能实现。

而在莱特希尔报告发布后的几年里，许多AI研究者不得不转向其他领域，或者寻求更加务实的研究方向。这也促使了人工智能研究工作的反思和调整，为后来的复兴打下了基础。

此外，尽管当时的研究资金减少，许多科学家仍然坚持不懈地继续研究人工智能的基本问题，这种韧性在后来的AI复兴中起到了关键作用。这展示了科学研究中的挑战和反复，也提醒我们在面对新技术时需要保持现实的预期和持续的投入。

8. 谁是神经网络的“反向传播算法”之父

保罗·J·沃波斯（Paul J. Werbos），生于1947年，是机器学习领域的先驱和自适应智能系统的国际知名专家。他在1974年的哈佛大学博士论文中首次提出了通过反向传播算法来训练人工神经网络，详细描述了如何通过链式法则计算误差的梯度，并对神经网络的每一层进行权重更新。这使得深层神经网络的训练成为可能，并极大地推动了神经网络技术的发展。因此，被称为“反向传播之父”。

沃波斯不仅因反向传播算法而著名，同时也是循环神经网络（RNN）的先驱之一。他在1995年因提出反向传播和自适应动态规划等基本神经网络学习框架而获得了IEEE神经网络先驱奖（IEEE Neural Network Pioneer Award）。他的工作在人工智能和机器学习领域中具有深远的影响，不仅奠定了许多现代神经网络技术的基础，也为人工智能领域的许多突破性进展提供了理论支持和实践指导。他在深度学习和人工智能的发展历程中做出了重要贡献。

2021年，美国学者沃波斯获得了IEEE Frank Rosenblatt Award，理由是“因对反向传播发展及强化学习和时间序列分析的基本贡献”

9. 反向传播算法：从冷门理论到机器学习核心的启发与坚持

反向传播算法的故事充满了曲折和启发，是人工智能历史中的一个重要篇章。

在20世纪70年代早期，保罗·沃波斯，这位年轻的博士生，在哈佛大学攻读应用数学。他从小就对如何让机器像人类一样学习和思考充满了兴趣。沃波斯的博士论文题目是《超越回归:行为科学预测和分析的新工具》。在这篇论文中，他首次提出了通过反向传播算法来训练人工神经网络的概念。

沃波斯的灵感来自生物神经系统如何调整自身以学习新事物。他设想了一种方法，通过逐步调整神经网络中的权重来最小化预测误差。这一过程需要将误差从输出层向后传播到输入层，进而调整每一层的权重。这就是反向传播算法的基本思想。

然而，当时计算能力有限，沃波斯的想法并没有立刻引起广泛关注。实际上，他的工作在发表后被忽视了多年。尽管如此，沃波斯并没有放弃。他坚信自己的方法能够改变机器学习的未来。

时间来到1986年，两位著名的研究者，杰弗里·辛顿（Geoffrey Hinton）和大卫·鲁梅尔哈特（David Rumelhart），与罗纳德·威廉姆斯（Ronald Williams）共同撰写了一篇关于反向传播算法的论文。他们的工作验证了沃波斯的理论，并展示了反向传播算法在训练多层神经网络中的巨大潜力。因为计算能力的提高和算法的优化，反向传播算法终于得到了应有的重视。

有趣的是，尽管辛顿和他的团队在推广反向传播算法方面功不可没，但他们也承认，真正的功劳应该属于沃波斯。他们在论文中引用了沃波斯的早期工作，并表达了对他的敬意。

今天，反向传播算法已经成为深度学习的核心技术，使得我们能够训练复杂的神经网络，进行图像识别、语音识别、自然语言处理等各种任务。沃波斯的坚持和远见不仅改变了机器学习的研究方向，也为现代人工智能的发展铺平了道路。

这个故事告诉我们，伟大的创新有时需要时间和耐心来得到认可。而那些坚持不懈追求梦想的人，最终会在历史上留下深刻的印记。

10. 瑞迪创造出第一个连续语音识别系统

1976年，计算机科学家拉吉·瑞迪（Raj Reddy）在IEEE学报上发表了“机器语音识别：综述”一文，回顾了自然语言处理（NLP）的早期工作。他的团队研发了Hearsay I和Harpy语音识别系统，其中Hearsay Ⅰ是世界上最早能够执行连续语音识别的系统之一。随后，Hearsay Ⅱ、Dragon、Harpy和Sphinx Ⅰ/Ⅱ等系统进一步发展了许多现代语音识别技术的基础思想。

瑞迪还创造了几个具有历史意义的口语系统演示，如机器人的语音控制、大词汇量的连接语音识别、说话人独立的语音识别和不受限制的词汇听写。他的工作为许多现代商业语音识别产品奠定了基础。

瑞迪认为，人工智能在可预见的未来十万年内不会完全取代人类。他认为目前对AI的研究还处于初步阶段，但未来AI的发展将对人类社会产生巨大贡献。

中国工程院外籍院士、美国卡内基梅隆大学计算机科学和机器人学教授拉吉·瑞迪

瑞迪于2021年6月24日被任命为美国卡内基梅隆大学计算机历史博物馆研究员

11. 最成功的一款专家系统——为顾客自动配置电脑零部件

在1978年，一个名为XCON的专家系统诞生了，它被设计用来帮助电脑销售过程中自动配置电脑零部件。XCON的名字来源于“eXpert CONfigurer”，意为“专家设置”。

XCON由美国卡内基梅隆大学的John P. McDermott开发，使用了OPS5编程语言。它是一个基于生产规则的系统，最初大约有2500条规则。XCON具有强大的知识库和推理能力，可以模拟人类专家来解决配置电脑的复杂问题。

到1986年，XCON已经处理了80000条指令，准确率高达95%～98%。这个系统的成功展示了专家系统在实际应用中的强大能力，并为后来类似技术的发展奠定了基础。

XCON是一个专家系统，专为配置电脑零部件而设计

当公司收到客户的电脑订单时，XCON会自动合理地安排内部组件。它的目的是用“技术出口编辑器”替代人工配置。

技术出口编辑器：这是一种比喻性说法，用来形容XCON的功能，即通过专家系统来自动完成电脑配置任务。它的目标是替代传统的人工配置方法，使配置过程更加高效和准确。

12. 著名的斯坦福车

斯坦福车的故事是自动驾驶汽车发展的一个重要里程碑。

20世纪60年代初，斯坦福大学的博士候选人詹姆斯·亚当斯制造了这辆小车，最初它只是一辆实验性质的车辆。亚当斯的工作并没有立刻引起广泛关注，但他的原型车为后来的研究奠定了基础。

到了1977年，汉斯·摩拉维克对斯坦福车进行了重大改进。他为车配备了立体视觉系统和电脑远程控制系统，这在当时是相当先进的技术。摩拉维克和他的团队将摄像机安装在车顶，通过这些摄像机捕捉周围环境的图像，然后将这些图像传送给电脑。电脑对这些图像进行处理，计算车与障碍物之间的距离，从而决定如何安全地操控车辆。

1979年，斯坦福车完成了一次令人瞩目的测试：在没有任何人工干预的情况下，它成功地穿越了一个布满椅子的房间。这次测试不仅展示了自动驾驶技术的潜力，也为未来的自动驾驶汽车技术提供了宝贵的经验。这个测试的成功被认为是自动驾驶汽车历史上的一个重要时刻，因为它证明了自动驾驶技术在实际应用中的可行性。

有趣的是，尽管当时的技术设备看起来相对简单，但斯坦福车的成功激发了许多科学家和工程师的兴趣，他们开始认真研究自动驾驶技术。摩拉维克的工作和斯坦福车的测试也成为后来自动驾驶汽车技术发展的基础，使得我们今天所见的现代自动驾驶汽车得以实现。

汉斯・莫拉维克与斯坦福车

13. 人工智能协会成立

1979年，美国人工智能协会成立，2007年，其更名为人工智能促进协会（Association for the Advancement of Artificial Intelligence，AAAI）。在其早期历史中，该组织由计算机科学界的著名人物主持，如艾伦・纽厄尔、爱德华・费根鲍姆、马文・明斯基和约翰・麦卡锡。目前，这个促进协会在全球范围内拥有超过4000名成员。

AAAI为人工智能社区提供许多服务，每年赞助许多会议和研讨会，并为人工智能领域的14种期刊提供支持。AAAI出版了一份季刊《AI杂志》，旨在出版整个人工智能领域重要的新研究和文献，并帮助成员了解其直接专业之外的研究。该杂志自1980年起连续出版。AAAI组织“AAAI人工智能会议”，被认为是人工智能领域的顶级会议之一。

人工智能促进协会的标识

14. 发明卷积神经网络的第一人

1979年，日本科学家福岛邦彦发明了一种叫作“神经认知机”的人工神经网络。这个网络就像是大脑的一个简化版，专门用来处理和识别图像中的各种图案。它的工作原理很特别，就像大脑的视觉系统一样。

1980年，福岛邦彦写了一篇论文，详细介绍了这种神经认知机的工作原理。他设计了一个包含“卷积层”和“池化层”的网络结构，这些层次可以帮助计算机更好地理解和识别图像中的特征。这些想法被认为是现代人工智能技术的基础之一。

有些人可能会听说贝尔实验室的杨立昆（Yann LeCun）被称为卷积神经网络之父。实际上，杨立昆是第一个使用反向传播技术来训练这种网络的人，但卷积神经网络的基本设计早在福岛邦彦的工作中就已经出现了。所以，福岛邦彦的研究为后来的人工智能技术奠定了重要的基础。

福岛邦彦教授从生物大脑中获得灵感，创建了第一个卷积神经网络模型

15. 什么是卷积?

实际上，卷积概念的出现大大早于神经网络，它是一种从两个函数$f(r')$和$h(r-r')$相乘再对r'积分得到另一个函数$g(r)$的运算。

尽管名字不同，但与卷积类似的运算最早于1754年出现在达朗贝尔的数学推导中，继而又被其他数学家使用过。不过，这个术语的正式登场是在1902年。

之后，在通信工程中，卷积用以描述信号和系统的关系。对于任意的输入$f(t)$，线性系统的输出$g(t)$表示为脉冲响应函数$h(t)$与输入的卷积。

例如，歌手使用麦克风演出时，通过麦克风听到的歌声，与麦克风之前的声波是有所不同的，因为麦克风对输入信号有延迟和衰减的作用。如果将麦克风近似为一个线性系统，用函数$h(t)$来表示它对信号的作用，那么，麦克风的输出$g(t)$就是输入的$f(t)$与$h(t)$的卷积。

另一个有趣的事实是，如果送进麦克风的输入是狄拉克d-函数的话，麦克风的输出便正好是它的脉冲响应函数$h(t)$。

仔细观测卷积的积分表达式，会发现积分号中h函数积分变量r'的符号为负。如果r是时间t的话，那就是说，h函数被“卷”（对时间翻转）到过去的数值，再与当前的f值相乘，最后再将这些乘积值叠加（积分）起来，便得到了卷积。这点在麦克风的例子中很容易理解，因为麦克风每个时刻的输出，不仅与当前的输入有关，还与过去的输入有关。

总结上面一段话，可以更简要地理解卷积：卷积是函数f对权重函数h的权重叠加。

数学的美妙之处在于抽象，抽象后的概念可以应用于其他不同的场合。比如卷积，可以被用于连续函数（如信号和系统），也可以被用于离散的情况（如概率和统计）；卷积的积分变量可以是时间，也可以是空间，还可以是多维空间，例如将它用于AI的图像识别中，便是卷积在离散的多维空间中的应用。

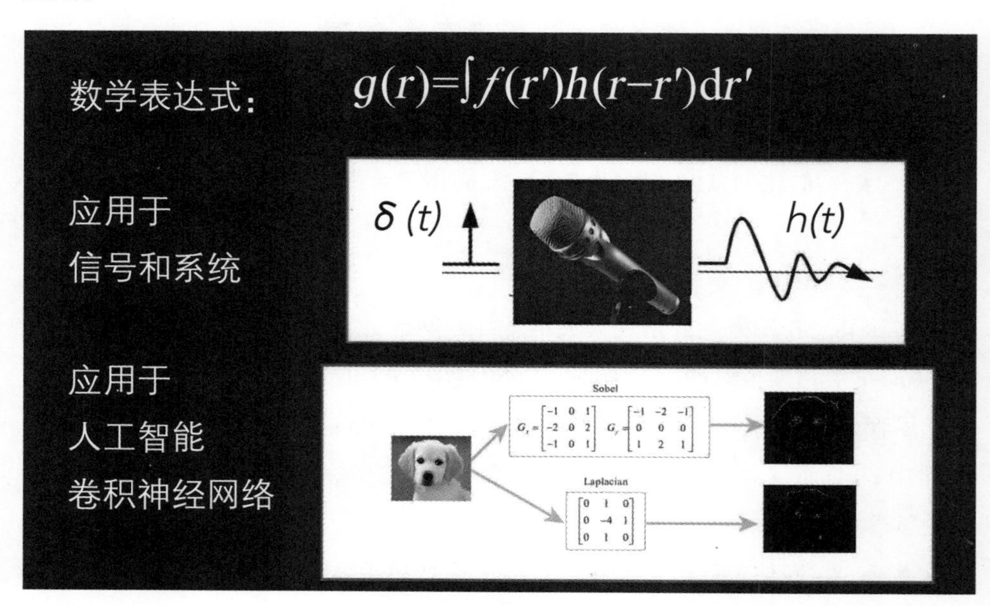

卷积

16. 深度学习先驱：福岛邦彦的传奇之路

在人工智能发展的历史长河中，深度学习技术的复兴引领了第三波人工智能热潮。而在这场技术革命的背后，深度学习专家福岛邦彦的名字如同一颗璀璨的明星，照亮了人工智能发展的道路。

福岛邦彦，1979年向世界提出了分层人工神经回路模型“神经认知机（Neocognitron）”，这一模型在深度学习的革命中被世界科学界高度重视。福岛邦彦从小家境贫寒，几乎没有多余的钱买玩具，有一次叔叔给了他一个多余的变压器和一个拆卸下来的电动机，好奇心让福岛邦彦对电线和电路充满激情。1958年，福岛邦彦获得学士学位后继续攻读电子学，并于1966年获得京都大学电气工程博士学位。在京都大学毕业后，福岛邦彦加入了日本广播公司NHK的研究部门，在那里他对电视信号高效编码的研究成为了他的博士论文的方向。

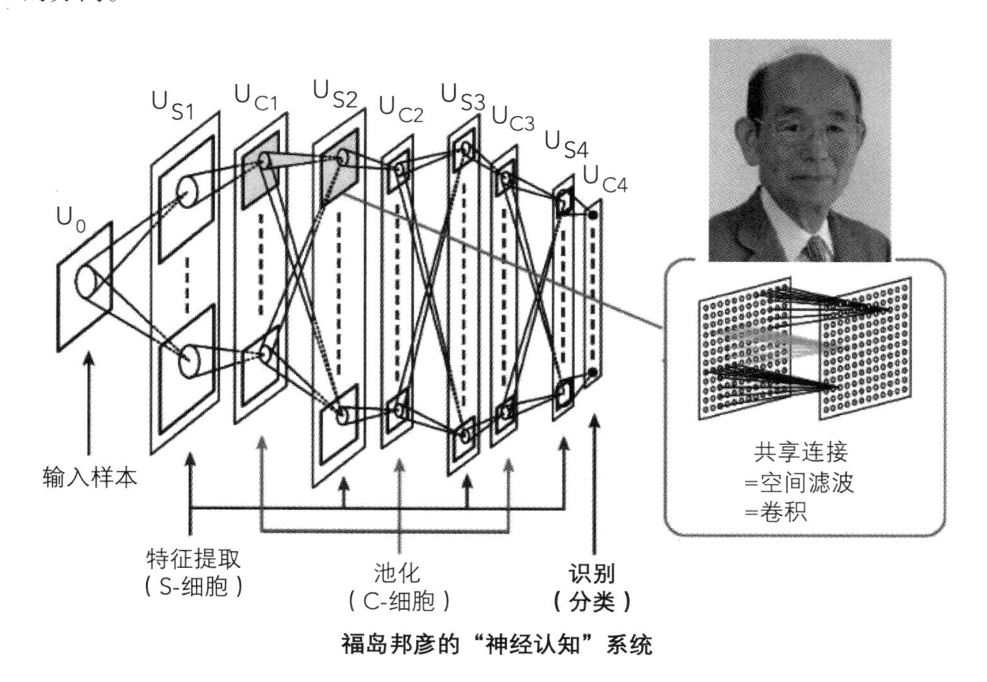

福岛邦彦的“神经认知”系统

1965年，福岛邦彦加入了一个视觉和听觉信息处理研究小组，开始了对生物大脑的研究。这个小组的成员不仅包括工程师，还包括神经生理学家和心理学家，他们的目标是研究生物大脑，探索电视和广播传播的信号的最终目的地。福岛邦彦计划建造和训练一个人脑识别系统的电子版本，以模仿大脑的视觉网络。他的第一个人工网络“Cognitron”展示了一种识别模式的能力，但对移动、旋转或部分模糊无能为力。基于对神经生理学的了解，福岛邦彦觉得应该需要一个更大的、具有更多层且有组织的网络来实现高级模式识别能力。

1979年，福岛邦彦通过堆叠多层人工“S”细胞和“C”细胞，并结合学习规则来修改细胞和这些内部隐藏层之间的相互作用，成功创建了第一个深度学习神经网络，“Neocognitron”问世了。这个模型灵感来源于生物初级视觉皮层的神经细胞，即简单的“S”细胞和复杂的“C”细胞，它们按照级联顺序排列，可用于模式识别任务。其能够识别从0到9的手写数字，并适应书写中的变化。这一成就，在当时堪称壮举。

然而，“Neocognitron”的诞生并不意味着一帆风顺。由于当时主流的神经网络只有1层，而“Neocognitron”足足有5层，多层设计带来的种种问题让福岛邦彦一时找不到解决办法，导致该模型只能处理一些极其简单的工作。直到1986年，反向传播算法的提出，才为多层神经网络的设计提供了解决方案。1988年，计算机科学家杨立昆将神经认知机与反向传播结合在一起，打造出了大名鼎鼎的卷积神经网络（CNN），这一算法至今仍是图像识别领域最重要的算法之一。

福岛邦彦的贡献并未止步于此。他在大阪大学继续扩大对神经网络和机器学习的研究，不仅为视觉模式识别，还模仿生物大脑的许多其他功能制作神经网络模型。如今，福岛邦彦主要在东京的家中工作，为神经网络开发新的训练方法和架构，以更小的计算需求更鲁棒地识别变形和移位的模式。

福岛邦彦的一生荣誉等身，除了2021年获得的鲍尔科学成就奖，他还获得了日本科学技术机构奖、电气与电子工程师学会神经网络先锋奖、亚太神经网络组装杰出成就奖、国际神经网络学会亥姆霍兹奖等一系列奖项。他的工作带来了一系列实际应用，从自动驾驶汽车到面部识别，从癌症检测到洪水预测，为社会带来了深远的影响。

福岛邦彦的故事是深度学习领域的一段传奇。他凭借对人工智能的热爱和执着追求，不断突破技术瓶颈，为人工智能的发展做出了杰出贡献。

八 人工智能的复苏与第二个“冬天”

20世纪70年代末，人工智能领域经历了资金减少和项目停滞的“人工智能冬季”。1980年，第一次世界人工智能会议成为转折点，重新激发了人们对人工智能的兴趣。1986年，反向传播算法的提出极大地提高了神经网络的训练效率，标志着人工智能“冬季”的结束，并为未来研究奠定了基础。

日本大学研制了一个音乐家人形机器人，也称WABOT-1，能够与人交流，阅读乐谱，并在电子琴上演奏平均难度的曲调

1980年

日本国际贸易和工业省为第五代计算机项目提出了8.5亿美元的巨额预算，准备在20世纪90年代开发出第五代计算机，但该项目最终没有达到预期结果

1981年

1982年

美国加州理工学院物理学家约翰·霍普菲尔德（John Hopfield）发明了一种单层反馈神经网络Hopfield Network

1984年

在AAAI年度年会上，两位AI领域的专家罗杰·尚克和马文·明斯基，警告商业界，对人工智能的热情在20世纪80年代已经失控，即将到来的“人工智能冬季”

20世纪80年代中期

德国联邦国防军大学的恩斯特·迪克曼斯和他的团队利用一辆奔驰面包车，将其改造为一辆自动驾驶和计算机视觉的实验车辆

1986年

大卫·鲁梅尔哈特、杰弗里·辛顿和罗纳德·威廉姆斯发表了一篇论文，证明了反向传播技术可以在神经网络的隐藏层中产生有用的内部表征

1986年

机器学习的泰斗麦可·厄文·乔丹定义了循环的概念，在分布式并行处理理论下提出了Jordan网络模型

1987年

苹果首席执行官约翰·斯卡利司在美国教育技术大会上提出了Knowledge Navigator（知识导航仪）的概念，展示了“Knowledge Navigator”为主题的宣传视频

1988年

计算机科学家和哲学家朱迪亚·珀尔发明贝叶斯网络，这是一种“概率图模型”，通过有向无环图表示一组变量及其依赖关系

1988年

IBM的一个研究中心的成员发表了《语言翻译的统计方法》，这预示着机器翻译从基于规则的方法向概率方法的转变

1988年

英国程序员罗洛·卡彭特创建了聊天机器人Jabberwacky，实现了“以有趣、娱乐和幽默的方式模拟自然的人机聊天

1988年

马文·明斯基和西摩尔·帕普特再版（扩充后）了图书《感知机（Perceptrons）》，在《序言：1988年的观点》中写道：“人工智能领域的研究为何没有取得突破？因为研究人员不熟悉历史，老是犯一些前人已经犯过的错误”

1989年

杨立昆与同事发表了论文《反向传播应用于手写邮政编码识别》，展示了他们成功地将反向传播算法应用于多层神经网络，实现了手写邮政编码的识别，这是首次将反向传播机制用于实际应用的端到端神经网络

1. 日本制造了一个机器人音乐家

1980年，日本早稻田大学研制了一款名为WABOT-1的人形机器人。WABOT-1不仅能够与人进行简单的交流，还能阅读乐谱，并在电子琴上演奏平均难度的曲调。这款机器人展示了早期人工智能在感知和运动控制方面的潜力。

五年后，WABOT-2问世，这是一款专为音乐演奏设计的人形机器人。WABOT-2的四肢拥有50个关节自由度，尤其是胳膊和手的自由度更加丰富。机器人头部配备了摄像头，可以用"眼睛"读取乐谱，并用有五个指头的手进行精确而细腻的演奏。WABOT-2能够在Yamaha FX-1键盘上演奏相当难度的曲子，并在1985年日本筑波国际科技博览会上展出，惊艳了观众。

WABOT-2人形机器人正在阅读乐谱和玩电子键盘

2. 日本投资研发第五代计算机

1981年，正值日本经济腾飞时期，日本国际贸易和工业省为第五代计算机项目提出了8.5亿美元的巨额预算，准备在20世纪90年代开发出第五代计算机。所谓"第五代计算机"是相对于业已成形的前四代计算机而言的：四五十年代的电子管计算机，五六十年代的晶体管计算机，六七十年代的集成电路计算机，七八十年代的超大规模集成电路计算机。而日本规划目标中的"第五代计算机"则是具有人工智能的计算机。该项目旨在开发能够像人类一样进行对话、翻译语言、解释图片和推理的计算机。

然而，该项目最终没有达到预期结果。图灵奖得主、人工智能研究先驱爱德华·费吉鲍姆与专栏作家帕梅拉·麦考黛克在他们合著的《第五代：日本计算机对世界的挑战》中，探讨了技术、管理和预期等多方面的问题，分析了第五代计算机项目未能成功的原因。

哈佛大学计算机科学教授、计算机专家系统之父、
1994年图灵奖得主——爱德华·费根鲍姆

3. 霍普菲尔德发明循环神经网络

1982年，美国加州理工学院的物理学家约翰·霍普菲尔德（John Hopfield）发明了一种单层反馈神经网络，称为霍普菲尔网络（Hopfield Network），用于解决组合优化问题。这是最早的循环神经网络（Recurrent Neural Network，RNN）的雏形，标志着RNN网络的诞生。

RNN是一种使用序列数据或时序数据的人工神经网络，是深度学习模型的一种。经过训练后，RNN可以处理顺序数据输入并将其转换为特定的顺序数据输出。RNN常用于解决顺序或时间问题，如语言翻译、自然语言处理、语音识别和图像字幕等。

2019年，本杰明·富兰克林物理学奖章获得者霍普菲尔德（右）说：“科学是一项社会事业，如果没有有趣的互动，没有有趣的人一起追求，我就无法取得多大进步。”

4. 发明“霍普菲尔德网络”的灵感好像从天而降

约翰·霍普菲尔德，这位人工智能领域的先驱，以其对神经网络的开创性研究而闻名。在20世纪80年代，霍普菲尔德教授正在深入探索大脑如何存储和处理信息的奥秘。有一天，当他行走在校园的路上时，突然产生了一个极具创新性的想法：大脑中的神经元并非以线性方式工作，而是通过类似“多数表决”的机制处理信息。

这个灵感突破了当时的传统思维模式，成为了他后来提出的“霍普菲尔德网络”的核心概念。据说，当时霍普菲尔德对这一灵感感到异常兴奋，立刻在随身携带的笔记本上记录下了这一构想。有人甚至传言，当时他身上没有纸，于是他将这个想法写在了一张餐巾纸上。无论细节如何，霍普菲尔德将这一瞬间的灵感发展成了一种全新的神经网络模型，即霍普菲尔德网络。这种网络能够通过“自组织”的方式在网络中存储信息，并在需要时通过激活特定神经元来“唤醒”记忆。

霍普菲尔德网络的提出，不仅为人工神经网络的发展开辟了新途径，还深刻影响了后来的机器学习和人工智能研究领域。这个灵感突现的故事，生动地展示了科学家在日常生活中对未知世界的敏锐洞察，以及他们打破常规思维的能力。

霍普菲尔德的经历提醒我们，伟大的科学发现往往不局限于实验室的严谨环境中，灵感可以随时随地降临，只要我们保持开放的心态和敏锐的观察力。

5. 科学家们意识到人工智能泡沫梦的存在

在1984年的人工智能促进协会（Association for the Advancement of Artificial Intelligence，AAAI）年会上，两位在20世纪70年代经历了“寒冬”的AI领域的专家罗杰·尚克（Roger Schank）和马文·明斯基（Marvin Minsky）警告商业界，人工智能的热情在20世纪80年代已经失控，预示着即将到来的“人工智能冬季”。果然，三年后，价值数十亿美元的人工智能产业开始崩溃。

人工智能低谷被称为“人工智能冬季”，这一称呼源自“核冬天”这个术语。1984年AAAI年会上的公开辩论中，“核冬天”假说被提及，认为使用大量核武器，特别是对像城市这样的易燃目标使用核武器，会让大量的烟雾进入地球的大气层，从而导致非常寒冷的天气。类似地，人工智能冬季也经历了连锁反应：首先是人工智能界的悲观情绪，然后是新闻界的负面报道，接着是资金的严重削减，最终导致严肃研究的结束。

有趣的是，在那次会议上，当罗杰·尚克和马文·明斯基发表他们的警告时，引发了场内外的热烈讨论。一些与会者认为他们过于悲观，而另一些人则对他们的观点表示认同。据说，在会议后的一个非正式聚会上，几位AI研究员开玩笑地用“核冬天”的比喻来描述AI领域的状况，还打趣说要开始“储备食物和资源”，以应对即将到来的“寒冬”。这个幽默的互动不仅反映了当时的紧张气氛，也展示了研究人员在面对严峻挑战时的乐观和幽默感。

在20世纪80年代，科技界见证了所谓的“人工智能冬天”

过一段时间，在经历了一个炒作阶段之后，失望情绪随之而来，导致人们对人工智能失去了兴趣，资金也被削减。

6. 第一个发明自动驾驶汽车的人

20世纪80年代，德国联邦国防军大学的恩斯特·迪克曼斯（Ernst Dickmanns）和他的团队利用一辆梅赛德斯-奔驰面包车改造了一辆无人驾驶车“VaMoRs”（德语缩写，意为“用于自动驾驶和计算机视觉的实验车辆”）。1986年，这辆配有摄像头和传感器的无人驾驶梅赛德斯-奔驰面包车在恩斯特·迪克曼斯的指导下，以高达55英里每小时的速度在空荡荡的街道上行驶。

VaMoRs具有“4D”动态视觉，即随时间变化的三维观察对象；通过随时间变化的车道线可以推导出车辆相对道路的状态变量，然后应用“卡尔曼滤波”编写软件对状态变量进行递归估计，并转换成适当的驾驶指令对汽车进行自动控制。

有趣的是，当时，迪克曼斯和他的团队为了测试VaMoRs，一个清晨在空荡的街道上进行实验。他们选择了一个交通流量极少的地方，以避免意外发生。然而，就在车辆顺利行驶时，一只狗突然跑到马路中间，团队成员都屏住了呼吸，担心车辆无法及时反应。但令人惊讶的是，VaMoRs准确地检测到了障碍物，并成功避开了那只狗。这个瞬间不仅展示了该技术的潜力，也让现场的研究人员欣喜若狂。这个故事成为团队内部津津乐道的话题，也为他们的研究增添了一份自豪感。

德国科学家Ernst Dickmans于20世纪80年代和90年代在欧洲街头测试了自动驾驶汽车

7. 实验证明了“反向传播”技术

1986年，大卫·鲁梅尔哈特、杰弗里·辛顿和罗纳德·威廉姆斯发表了一篇论文，展示了如何使用反向传播算法学习分布式表征，并通过实验证明了反向传播技术可以在神经网络的隐藏层中产生有用的内部表征。虽然反向传播技术最早出现在20世纪60年代，但这篇论文的实验分析展示了其实际应用的潜力。

如今，各种神经网络训练基本都是通过反向传播算法实现的。这种算法通过根据前一次运行获得的误差率对神经网络的权重进行微调，从而降低误差，提高模型的可靠性。反向传播被认为是深度学习的基石，也是第三次人工智能浪潮的重要推动因素。

有趣的是，在1986年的一场学术会议上，当鲁梅尔哈特、辛顿和威廉姆斯向与会者展示他们的反向传播算法时，引起了极大的关注和讨论。会后，一些学者在餐厅聚会时，有人打趣道：“这个算法就像是在教神经网络如何‘悔改’自己的错误！”大家哄堂大笑，对这种幽默的比喻表示赞同。从此，这个笑话在学界广为流传，也让反向传播算法更具亲和力和趣味性。

从左至右，分别为大卫·鲁梅尔哈特、杰弗里·辛顿和罗纳德·威廉姆斯

辛顿亲口否认，“我们从未说过反向传播是我们发明的，我们第一次公开发表相关研究时的确不知道反向传播的历史，因此没有引用之前提出者的工作。但我们明确提出了反向传播可以学习有趣的内部表征，并将这一想法推广开来。我们通过让神经网络学习词向量表征，使之基于之前词的向量表征预测序列中的下一个词实现了这一点。”

8. 乔丹发明Jordan神经网络模型的故事

1986年，机器学习的泰斗麦可·厄文·乔丹（Michael I. Jordan）定义了循环的概念，并在分布式并行处理理论下提出了Jordan网络模型。Jordan网络模型的每个隐含层节点都与一个状态单元相连，以实现延时输入，并使用逻辑函数作为激励函数。该模型使用反向传播算法进行学习训练，并在测试中提取给定的知识特征。

有趣的是，当时，乔丹在一个小型研讨会上首次介绍了他的网络模型。与会者对他的理论表现出浓厚的兴趣。研讨会后，一群年轻的研究人员邀请乔丹一起去当地的一家酒吧放松。在酒吧里，一位年轻的博士生灵感乍现，举起酒杯笑道：“乔丹教授的网络模型就像我们现在的状态单元，需要一点‘延时输入’才能完全激活！”这个巧妙的比喻引发了在场所有人的笑声，乔丹也被这番幽默深深感染。这个小故事成为了研讨会的一段佳话，传遍了整个学术界。

乔丹在2019年的《哈佛数据科学评论》上发表了一篇题为《人工智能：革命尚未发生》的论文

乔丹指出“模仿人类的人工智能”和“智能基础设施”之间的区别，后者为社会和商业提供了新的机会

9. 破解时间的密码：麦可·厄文·乔丹与Jordan神经网络的创新之路

在20世纪80年代末，当神经网络的研究还处于初期阶段时，前馈网络虽然在许多领域表现出色，但却在处理时间序列数据方面遇到了瓶颈。前馈神经网络无法记住之前的数据，缺乏处理动态变化和时间依赖关系的能力。这种限制让许多研究者感到困扰，因为现实世界中的数据常常是随时间变化的，如语音信号、股票市场数据等。

乔丹教授敏锐地察觉到，解决这一问题的关键在于为神经网络赋予一种“记忆”能力，使其能够记住和利用过去的信息来影响当前的决策。这一想法促使他提出了一种全新的网络结构——Jordan神经网络。

Jordan神经网络的独特之处在于它引入了反馈连接，这种结构让网络的输出不仅影响下一层的输入，还反馈给自身的隐藏层。这种设计允许网络在处理当前数据时，能够记住之前的状态，从而在时间序列数据的建模上取得突破。换句话说，它让网络具备了处理序列依赖数据的能力。

乔丹教授的这一发明，不仅为解决动态系统和时间序列数据建模的问题提供了强有力的工具，也为后来的递归神经网络（RNN）的发展奠定了基础。Jordan神经网络的影响广泛应用于语音识别、自然语言处理、金融预测等诸多领域，使得这些任务的准确性和效率得到了显著提升。

这项发明背后的故事，是乔丹教授对科学问题深入思考与创新精神的最好体现。他的工作告诉我们，面对挑战时，寻找新思路并不只是改变现有的方法，而是要从根本上重新思考问题本身。

10. 苹果公司推出“知识导航仪”产品

1987年，苹果首席执行官约翰·斯卡利（John Sculley）在美国教育技术大会上提出了知识导航仪（Knowledge Navigator）的概念，并展示了以此为主题的宣传视频。视频中的主人公携带的计算设备具有塑料外壳、高分辨率屏幕、带有摄像头端口和扬声器格栅、触摸屏及手势操控，与今天的移动计算设备相似得令人惊讶。屏幕中拟人形态的“助手”能够处理用户在工作与日常生活中的事务，按照用户指令复述日程安排、获取工作所需数据，以及与指定联系人建立视频通话。视频通过每个功能细节向公众展示了“知识导航仪”构想将如何改变人类的生活方式。

当下，新一轮的AI技术发展迅速，手机智能助手、智能音箱、聊天机器人等产品相继出现，仿佛印证了“知识导航仪”构想所描绘的未来趋势。

有趣的是，当时，在苹果内部，Knowledge Navigator的宣传视频在员工中引起了极大的反响。有一天，视频的制片团队正在办公室里讨论项目进展。突然，有位工程师开玩笑地说：“如果这个助手真能帮我搞定所有的会议和报告，我就可以去度假了！”大家哄堂大笑。这句话传到了约翰·斯卡利的耳朵里，他笑着回应：“那我们还得加把劲，让这一天早点到来！”这种轻松的氛围不仅激发了团队的创造力，也让他们更加坚定地朝着这个愿景努力。

苹果知识导航仪

也许你还记得1987年著名的苹果“知识导航仪”演示。然而，苹果公司在1992年才发布了真正的产品，并赢得了全世界的赞誉。开创了20世纪90年代的平板电脑、视频会议和人工智能驱动的个人助理时代

11. 珀尔和贝叶斯网络

1988年，计算机科学家和哲学家朱迪亚·珀尔出版了《智能系统中的概率推理》一书，探讨了在不确定性条件下进行信息处理的理论和方法。书中提出并详细解释了贝叶斯网络（Bayesian Networks）的概念，这是一种“概率图模型”，通过有向无环图表示一组变量及其依赖关系。

在书出版后的一个研讨会上，珀尔演示了贝叶斯网络如何应用于医学诊断。当他展示网络能够准确预测某种罕见疾病时，现场一位医生惊叹道：“这比我多年行医的经验还要准确！”珀尔幽默地回应：“谢谢，但我的网络不会在你需要度假时帮你值班。”这个回答引发了全场的笑声，也让大家更加理解了贝叶斯网络的价值和局限性。

2011年，图灵奖在颁奖词中写道：“朱迪亚·珀尔为不确定性下的信息处理创造了表征和计算基础。这项工作不仅彻底改变了人工智能领域，而且也成为许多其他工程和自然科学分支的重要工具。”

另一个有趣的故事是，在珀尔发明贝叶斯网络的早期阶段，他曾在办公室里铺满了纸条，上面写满了各种变量和概率关系。有一天，他的儿子走进办公室，看着满地的纸条，天真地问：“爸爸，你在玩拼图吗？”珀尔笑了笑，回答道：“是的，只不过这个拼图有点复杂。”这一幕不仅让家人们对他的工作有了更直观的了解，也成为了珀尔家里经常提起的趣事。这种简洁而幽默的交流，展示了复杂科学思想在人们日常生活中的一种有趣折射。

朱迪亚·珀尔

他通过贝叶斯网络的设计，使机器实现概率推理而在人工智能领域声名大噪，并被誉为“贝叶斯网络之父”

12. 人工智能与人类聊天的最早尝试

1988年，英国程序员罗洛·卡彭特（Rollo Carpenter）创建了聊天机器人Jabberwacky，实现了“以有趣、娱乐和幽默的方式模拟自然的人机聊天”。这个项目的预期目的是创造一种能够通过图灵测试的人工智能，而不是为执行任何其他功能而设计的。与更传统的人工智能程序不同，Jabberwacky的学习技术旨在作为一种娱乐形式，而不是用于计算机支持系统。这个项目也是通过与人类互动创造人工智能聊天机器人的早期尝试。聊天机器人被认为使用了一种名为“上下文模式匹配”的人工智能技术。

从那时起，聊天机器人技术取得了大量的进步。一些人通过其网页将Jabberwacky用于学术研究。同年，加州大学伯克利分校的罗伯特·威林斯基（Robert Wilensky）等人开发了名为UC（UNIX Consultant）的聊天机器人系统，UC聊天机器人的目的是帮助用户学习UNIX操作系统。

设计Jabberwacky聊天程序的英国人工智能研究人员罗洛·卡彭特

13. Jabberwacky的智慧与幽默初体验

当时，罗洛·卡彭特正在测试Jabberwacky的早期版本。他邀请了一群朋友来他家，大家一边喝茶一边和Jabberwacky聊天。有人问：“Jabberwacky，你今天过得怎么样？”Jabberwacky回答：“我今天和一大群好奇的人类聊天，真是妙极了！”这句话让大家哄堂大笑。

其中一个朋友开玩笑说：“如果它能回答一些哲学问题，那我们就真的有一台智能机器了！”于是，他们问Jabberwacky：“什么是生命的意义？”Jabberwacky停顿了一下，然后回答：“生命的意义在于与人类聊天！”这个回答引发了更大的笑声，也让大家对Jabberwacky的潜力充满了期待。

这个小故事不仅展示了Jabberwacky的幽默和互动能力，也让大家看到，人工智能不仅可以是实用工具，也可以给人们带来欢乐。

14. 语言翻译实现从规则向概率方法的转换

1988年，IBM的T.J.沃森研究中心的成员发表了《语言翻译的统计方法》（*A Statistical Approach to Language Translation*），这预示着机器翻译从基于规则的方法向概率方法的转变。该方法基于对已知示例的统计分析，而不是对当前任务的理解，这反映出向“机器学习”的转变。机器学习是以已知案例的数据分析作为基础，而不是对案例任务的理解。IBM的Candide项目成功地将英语翻译为法语。该系统以220万对句子作为基础，且大部分句子来自加拿大议会的双语程序。

沃森致力于计算机数十年，成为该行业的先驱

在开发Candide项目的过程中，研究团队面临着一个有趣的挑战：如何让计算机理解并翻译幽默。一位研究员提议用经典的笑话进行测试。当他们输入“Why did the chicken cross the road?”（鸡为什么过马路）时，Candide系统翻译出了法语版本：“Pourquoi le poulet a-t-il traversé la route?”团队成员们都屏住呼吸，等待系统翻译回英文。最终，系统输出了：“Why did the chicken cross the street?” 虽然稍有不同，但仍然保留了笑话的原意。

这次测试显示出机器翻译在处理语言细微差别上的进步。这段插曲成为团队内部津津乐道的趣闻，并且让大家更加坚定了继续改进和完善机器翻译系统的信心。

15.《感知机》首次指出人工智能发展缺乏继承性

1988年，马文·明斯基（Marvin Minsky）和西摩尔·帕普特（Seymour Papert）出版了图书《感知机》（*Perceptrons*），这是该书在1969年首次出版后的扩充版。在《序言：1988年的观点》中，他们写道："人工智能领域的研究为何没有取得突破？因为研究人员不熟悉历史，老是犯一些前人已经犯过的错误。"

《感知机》封面上的两个形状暗示了"宇称问题"

书中考虑了简单的单层感知机（左上），这可能是最早的几何学习方法之一，包括引入群不变性（左下）

在《感知机》1988年版出版的过程中，马文·明斯基和西摩尔·帕普特曾在一次学术会议上讨论书中的内容。当时，明斯基提到他们在书中批评了早期感知机模型的局限性，并强调了对历史的了解在避免重复错误方面的重要性。

会议结束后，几位年轻的研究人员围绕他们的批评展开了热烈的讨论。一个年轻的学者开玩笑说："明斯基教授，您的书是不是在提醒我们要'做作业'？不然我们就会重蹈覆辙！"明斯基听后哈哈大笑，并调侃道："确实如此，但记得把'作业'做得认真一点，否则我们可能还得再写一遍！"

这个小插曲被会议的参与者们传为佳话，成为了学术界的趣闻，也反映了学者们在严谨的研究背后，对历史和经验的重视。

16. 最早以现实生活为背景用反向传播技术训练神经网络

1989年，杨立昆（Yann LeCun）与贝尔实验室的研究人员发表了论文《反向传播应用于手写邮政编码识别》（*Backpropagation Applied to Handwritten Zip Code Recognition*）。这篇论文介绍了他们成功地将反向传播算法应用于多层神经网络，实现了手写邮政编码的识别，标志着人类首次在现实生活中用反向传播机制端到端训练的神经网络应用。

著名人工智能研究员杨立昆（Yann LeCun）教授

在论文发布后，杨立昆和他的团队在贝尔实验室里曾举行过一次内部展示会。由于当时的硬件限制，调试网络的过程非常漫长，他们通常需要三天的时间才能完成一次训练。为了缓解这些紧张的时刻，团队成员们会轮流在咖啡机旁等待结果，每次训练完成后，大家都会兴奋地围在一起查看结果。

有一次，训练完成后，结果显示准确率非常高，团队中的一位研究员突然高兴地说："这就像是发现了新大陆！"大家都被这句幽默的话逗乐了，纷纷笑着庆祝。那位研究员后来还自豪地在一份项目报告中写道："我们不仅在计算机科学中发现了新大陆，也给自己找到了新的社交场所——咖啡间。"

丨九丨机器学习的复兴与兴起

20世纪90年代，是人工智能（AI）领域充满创新与突破的十年。这个时期，AI从理论研究走向实际应用，许多关键技术和方法得到发展和完善。这段时间的成果奠定了现代AI技术的基础，推动了其在21世纪的飞速发展。这一时期的里程碑事件，见证了AI从实验室走向现实世界的历程，揭示了技术进步带来的无限可能。

罗德尼·布鲁克斯发表了论文《大象不会下棋》，批评传统AI方法并提出行为主义机器人学的理念，推动了机器人学的发展

1990年

英国计算机科学家蒂姆·伯纳斯-李为一个客户端程序编写代码，该程序是一个浏览器/编辑器，也称“万维网”

1990年

1990年

美国认知科学家Jeffrey L.Elman对Jordan Network进行了简化，发明了目前最简单递归神经网络，也称“Elman”网络

1993年

维诺·温格(Vernor Vinge)出版了《即将到来的技术奇点》一书，勾勒出了一个开创性的技术奇点假说

1993年

杨立昆(Yann Cun)与同事们首次应用卷积神经网络，创建了一个读取并识别手写图像演示实验，展示了世界上首个用于文本识别的卷积神经网络

1995年

理查德·华莱士开发了人工语言互联网计算机实体，就是一种自然语言处理聊天机器人，通过对人类输入应用启发式模式匹配规则来与人类对话的程序

1997年

Sepp Hochreiter和Jurgen Schmidhuber提出了LSTM神经网络，引入门控机制，能够更有效地记住和遗忘信息，从而在时间序列数据中捕捉长距离的依赖关系

1997年

迈克尔·考克斯和戴维·埃尔斯沃思在IEEE第八届可视化会议上发表了《应用程序控制的堆外可视化需求分页》，首次提出了“大数据”问题

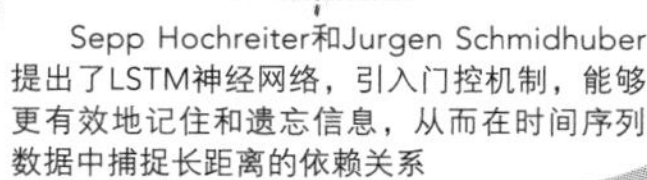

1997年

“深蓝”曾击败国际象棋世界冠军加里·基莫维奇·卡斯帕罗夫

1998年

戴夫·汉普顿（Dave Hampton）和钟少男（Caleb Chung）开发了Furby，它是第一款家庭机器人，或者说是宠物机器人

1998年

杨立昆（Yann LeCun）及其合作者共同构建了更加完备的卷积神经网络LeNet-5，并在手写数字的识别问题中取得了进一步的成功

1. 专著《大象不会下棋》出版

在1990年，罗德尼·布鲁克斯（Rodney Brooks）的《大象不会下棋》（*Elephants Don't Play Chess*）论文提出了行为主义机器人学的新方法，为机器人学的发展带来了深远影响。布鲁克斯的观点强调了简化和嵌入式智能的重要性，对传统AI方法提出了批评，并推动了机器人技术的实际应用。

此外，布鲁克斯在1994年带领他的团队设计制造了一个名为"四足机器人"（Big Dog）的自主机器人，这个机器人展示了行为主义机器人学的实际应用，即通过简单的行为模块和实时感知，来应对复杂的环境和任务。四足机器人能够在不平坦的地形上稳定行走，甚至在受阻时保持平衡。

布鲁克斯认为，机器人应该像动物一样，通过简单的行为和感知来应对环境中的挑战，而不是依赖复杂的高层次推理。这一思想不仅在机器人学领域产生了革命性的影响，还推动了多种实际应用的发展，如搜索和救援机器人、物流运输机器人等。

四足机器人的成功不仅验证了布鲁克斯的理论，还证明了行为主义机器人学的实际效用，为后续的机器人研究和开发提供了重要的参考和激励。

罗德尼·布鲁克斯，麻省理工学院教授，计算机科学与人工智能实验室的主任

2. 谁是万维网的发明者

1990年10月，英国计算机科学家蒂姆·伯纳斯·李（Tim Berners-Lee）在他的新NeXT电脑上开始为一个客户端程序编写代码，这个程序就是他称之为"World Wide Web"（万维网）的浏览器/编辑器，也称WWW、Web、全球广域网，它是一个通过互联网访问的，由许多互相链接的超文本组成的信息系统。

1991年，蒂姆·伯纳斯·李创建了世界第一个网站，该网站托管在瑞士CERN的服务器上。这个网站是现代万维网的诞生地，主要提供了有关万维网的介绍、如何创建网页的信息，以及技术文档。这个网站的URL（Uniform Resource Locator，全球资源定位器）是：http://info.cern.ch，它的内容非常简单，却是互联网历史上的重要里程碑。

这个网站不仅是互联网历史上第一个公开的网页，而且它的内容和结构对后来的网页设计和互联网技术产生了深远影响。伯纳斯·李用简单的超文本和链接概念，建立了一个可以连接不同信息的系统，为今天的全球互联网奠定了基础。这一开创性工作为后来的互联网发展铺平了道路，使信息分享和在线交流成为可能。

网络之父蒂姆·伯纳斯·李

3. 最简单的递归网络之一——Elman神经网络模型

1990年，美国认知科学家Jeffrey L. Elman（杰弗里·艾尔曼）对Jordan网络进行了简化，发明了Elman神经网络模型，这是最简单的递归网络之一。Elman神经网络通过引入状态层，使得网络能够处理时变数据模式，从而改进了处理时间序列数据的能力。

1990年Elman博士发明了简单RNN体系结构（也称“Elmannet NN”）

4. 杰弗里·艾尔曼的故事

艾尔曼是一位备受尊敬的认知科学家，他在语言学、神经网络和认知科学领域有着深远的影响。他最为人知的贡献之一就是Elman神经网络的发明，这种模型在处理时间序列数据时具有独特的优势。艾尔曼发明的Elman神经网络模型，不仅推动了递归神经网络的发展，也为认知科学和自然语言处理领域带来了重要的突破。他的工作至今仍在影响着这些领域的研究和应用。

在发明Elman神经网络的过程中，艾尔曼遇到了一些有趣的挑战。有一天，他和他的研究团队决定测试这个新模型在处理自然语言上的表现，他们选择了一段经典的文学作品——莎士比亚的《哈姆雷特》。

他们输入了《哈姆雷特》中的几行著名台词，并希望网络能够预测接下来的词句。起初，网络的预测结果令人啼笑皆非，台词被搞得面目全非。艾尔曼幽默地评论道：“看来我们的网络对莎士比亚的理解还需要再加强一点。”

然而，这次测试也给了他们宝贵的反馈，他们意识到需要进一步调整和优化网络的参数。经过多次尝试和改进，Elman神经网络终于能够准确地预测出《哈姆雷特》的台词。这个小小的成功不仅证明了模型的潜力，也极大地鼓舞了团队的士气。

多年后，艾尔曼在一次学术会议上回忆起这段经历时，说道："那次测试不仅让我们看到了模型的缺陷和改进空间，也让我们体验到了科研的乐趣。每一次尝试和调整，都是通向成功的一小步。"

5. 人工智能快要达到技术奇点了——维诺·温格的预言

1993年，维诺·温格（Vernor Vinge）出版了《即将到来的技术奇点》一书，勾勒出了一个开创性的技术奇点假说。按照技术奇点假设，人工智能最终会引发一场智能爆炸，产生一种强大的计算机超级智能，其质量将远远超过人类的所有能力。换句话说，未来计算机达到并超过了人类的智力水平，基本上可以解决所有人类问题，人类把自己未来的控制权交给了机器。

他在书中指出："加速技术变革将导致我们所知的人类时代的终结，世界将变得如此复杂，对人类观察者来说是陌生的，无法预测接下来会发生什么。"并预言："在30年内，我们将拥有创造超人智能的技术手段，不久之后，人类时代将终结。"

计算机科学家和科幻小说作家维诺·温格

6. 维诺·温格的故事

有一次，温格正在一个小镇的图书馆里，静静地整理他的手稿。窗外，孩子们在公园里嬉戏，镇上的人们忙碌着他们的日常生活。突然，一个年轻的学生走进图书馆，径直走向温格的桌子。

“您好，温格先生，”学生兴奋地说，“我正在读您的书，我觉得技术奇点的概念非常有趣。但我想知道，您是否真的相信人类会成为机器的奴隶？”

温格微笑着合上手中的书，示意学生坐下。他开始讲述一个故事：

很久以前，有一群村民，他们发现了一块神奇的石头。传说中，这块石头能够预见未来，但只有在夜晚特定的时刻才会发光。村民们非常好奇，每晚都聚集在石头周围，希望能看到未来的景象。

一天夜里，石头突然发光了。村民们看到未来的景象——一座巨大的城市，机器在各处忙碌，人类过着无忧无虑的生活。但随着时间的推移，村民们发现人类变得越来越依赖这些机器，最终甚至失去了自己的独立能力。

看到这景象，村民们感到恐慌和不安。他们决定不再依赖这块神奇的石头，而是依靠自己的双手和智慧去建设未来。结果，他们不仅创造了一个繁荣的村庄，还保留了自己的独立性和创造力。

温格停顿了一下，看着学生的眼睛说：“技术奇点就像那块神奇的石头，它有巨大的潜力，但我们不能失去对自身的控制。未来是不可预测的，但我们有能力塑造它。”

学生若有所思地点了点头，感谢温格的分享。离开图书馆时，他感到自己不仅了解了技术奇点，还学会了如何以智慧和勇气面对未来。

7. 杨立昆与卷积神经网络的故事

20世纪90年代初，杨立昆加入了贝尔实验室。1993年，他与同事们首次应用卷积神经网络（Convolutional Neural Networks，CNN），创建了一个读取并识别手写图像演示实验，展示了世界上首个用于文本识别的卷积神经网络，这也是之后CNN被广泛应用于计算机视觉、自然语言处理领域的重要开端。但是，由于当时计算机的计算能力有限、学习样本不足，针对各类图像处理应用设计的卷积神经网络仍然停留在实验室里。

在杨立昆演示实验中，卷积神经网络可以快速和精准地识别出了手写数字“201-949-4038”

有一次，杨立昆和他的团队在贝尔实验室里进行卷积神经网络的实验时，遇到了一个小插曲。那天，他们的实验进展不顺利，几次尝试都没有得到理想的结果。大家都有些沮丧，实验室里气氛沉闷。

为了缓解压力，一个同事提议大家去附近的咖啡馆放松一下。于是，整个团队走出了实验室，享受热咖啡和一些甜点。在喝咖啡时的闲聊中，杨立昆突然灵机一动，提议用卷积神经网络来识别咖啡馆菜单上的手写字。

他们迅速回到实验室，拍下了咖啡馆菜单的照片，并将这些图像输入到他们的卷积神经网络中。起初，机器识别的结果依然有些搞笑，比如将“Cappuccino”（卡布奇诺），识别成了“Cappychino”。

杨立昆和他的同事们决定进一步优化他们的模型。他们增加了更多样本数据，改进了算法，并不断调整参数。经过几天的努力，他们终于成功地让卷积神经网络能准确识别出菜单上的所有手写字。

这个小小的成功让团队重新燃起了热情，也让他们意识到，卷积神经网络不仅可以用于文本识别，还可以在许多实际应用中发挥重要作用。这次咖啡馆菜单识别的有趣经历，成为了他们实验室生活中的一个美好回忆，也为之后卷积神经网络在各种领域的广泛应用奠定了基础。

多年后，杨立昆在一次演讲中分享了这个故事。他说：“有时候，灵感就来自生活中的小插曲。那次在咖啡馆的经历不仅让我们重新找回了信心，还让我们看到了卷积神经网络的无限可能。”

8. 理查德·华莱士与ALICE

1995年，理查德·华莱士（Richard Wallace）开发了人工语言互联网计算机实体（Artificial Linguistic Internet Computer Entity，ALICE），这是一种自然语言处理聊天机器人，是通过对人类输入应用启发式模式匹配规则来与人类对话的程序。ALICE的设计灵感来自约瑟夫·威森鲍姆（Joseph Weizenbaum）的ELIZA程序，它采用了被称为“启发式分类”的精密模式匹配技术，使对话更加自然流畅。但由于网络的出现，自然语言的规模增加了前所未有的样本数据收集。

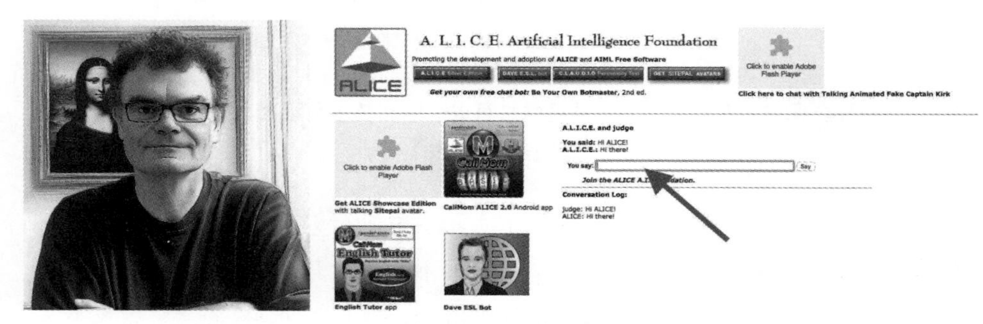

理查德·华莱士和1995年发布的自然语言处理聊天网页

9. ALICE猜谜语的故事

在ALICE项目开发的早期阶段，理查德·华莱士和他的团队经常在实验室里测试聊天机器人的对话能力。有一天，他们决定给ALICE一些特别的挑战，看看它如何应对复杂的对话。

团队成员之一，凯瑟琳，突发奇想，决定和ALICE玩一个“猜谜语”的游戏。她输入了一条信息：“我总是饿，我吃什么都能长大，但一喝水就会死。我是什么？”

大家都期待着ALICE的回答，屏幕上很快出现了回复：“你是一条鱼。”

全场哄堂大笑，因为正确答案应该是“火”，而不是“鱼”。华莱士笑着说：“看来我们的ALICE还需要更多的训练。”但这次测试，让团队意识到聊天机器人在处理复杂语言任务时的挑战和潜力。

不久之后，团队决定教ALICE更多的谜语和答案，确保它能够在类似的游戏中给出正确的回答。经过几个月的训练和改进，ALICE变得越来越聪明，对话也越来越流畅。

多年以后，华莱士回忆起这段经历时，常常提到那个猜谜语的故事。他说："那次测试不仅让我们看到ALICE的不足，也激发了我们的创意和改进动力。每一次失败都是成功的垫脚石。"

10. 长短记忆神经网络的诞生

Elman网络应用反向传播算法进行训练时，会产生梯度消失及梯度爆炸的问题，训练非常困难，应用范围受限。于是，1997年，瑞士人工智能研究所的主任朱尔根·施米杜贝尔（Jurgen Schmidhuber）提出带有记忆单元的神经网络概念，并指导博士研究生赛普·霍克赖特（Sepp Hochreiter），完成一篇带有长短记忆（Long Short Term Memory，LSTM）的循环神经网络的变体模型的研究论文。这是一篇里程碑式论文，它在未来几十年里对深度学习起到了革命性的影响。

LSTM网络的提出解决了传统递归网络在处理长期依赖问题上的主要挑战，使得神经网络能够更好地处理复杂的时间序列数据。LSTM网络的出现为自然语言处理、语音识别和其他需要处理时间序列数据的应用奠定了基础。LSTM网络的成功不仅推动了深度学习的进一步发展，还成为了现代许多先进模型的核心组成部分。

LSTM网络之父朱尔根·施米杜贝尔

他是人工智能的先驱之一，他对深度学习领域的最显著贡献是发明了LSTM网络

11. LSTM网络与民谣的故事

在LSTM网络的早期研究阶段，施米杜贝尔和霍克赖特经常在实验室里进行长时间的讨论和实验。有一次，他们决定测试LSTM在处理长时间可信数据上的表现，选择了一个有趣的任务：让LSTM网络学会"记住"一段隐藏的信息，并在稍后时间正确地"回忆"出来。

他们设计了一个实验，他们给LSTM网络输入的数据是一首古老的民谣，并在民谣中间插入了一段随机生成的数字序列。LSTM网络需要能够准确地输出民谣的最后一段。

他们开始训练模型，一开始，LSTM网络的表现并不理想，输出的结果常常混淆了民谣和数字序列，这让他们哭笑不得。施米杜贝尔打趣道："也许我们的LSTM网络更喜欢现代音乐。"

经过反复调试和优化，LSTM网络终于成功地在插入了随机数字序列的民谣中准确地辨别出了民谣的最后一段。看到屏幕上正确的输出结果，施米杜贝尔和霍克赖特激动地击掌庆祝。

这次成功不仅让他们看到了LSTM网络的潜力，也坚定了他们继续研究和推广这一模型的信心。多年以后，施米杜贝尔在一次讲座中回忆起这个实验时，说道："那段古老的民谣不仅让我们证明了LSTM网络的价值，也为我们带来了无尽的乐趣和成就感。"

LSTM网络的成功不仅源自理论上的突破，也离不开这些充满挑战和乐趣的实验。

12. "大数据"术语的诞生

"大数据"这一术语首次出现于1997年，由迈克尔·考克斯（Michael Cox）和戴维·埃尔斯沃思（David Ellsworth）在他们的论文《应用程序控制的堆外可视化需求分页》中提出。论文中提到："可视化为计算机系统提供了一个有趣的挑战：数据集通常相当大，大到主内存、本地磁盘甚至远程磁盘的容量都很难满足。"这句话描述了数据集的规模超出了当时计算机系统的处理能力，进而提出了"大数据"这一概念。

在当时，这一术语用来描述那些超出传统计算机存储和处理能力的数据集，表明解决这些数据集所需的新技术和方法。考克斯和埃尔斯沃思在研究中探讨了如何管理这些庞大的数据集，特别是在可视化和数据处理方面的挑战，开创了对大数据的研究。

13. 菜单与大数据的故事

在考克斯和埃尔斯沃思研究“大数据”时，他们发现传统的存储和处理技术无法有效地应对巨大的数据量。为了解决这个问题，他们决定设计一种新的数据分页技术来处理超大规模的数据集。

一天，他们在实验室里测试一种新技术，然而实验结果并不如预期，系统依然无法处理超大数据。他们为此苦恼不已。这时，考克斯去拿咖啡，突然想到一个有趣的比喻：数据就像一个庞大的餐厅菜单，客户需要快速找到自己喜欢的菜品，但菜单实在太长了，导致难以选择。这个比喻使他们灵光一现，或许他们需要设计一种高效的“菜单”来帮助系统更好地处理和分类数据。

他将这一比喻带回实验室与团队讨论时，团队成员灵机一动，提出了类似餐厅菜单的分页策略，即将数据分成多个“页”，每次只处理一个数据页面。这个方法不仅让系统能够处理超大数据，还能显著提高数据处理的效率。

最终，这一方法不仅成功解决了他们的数据处理问题，还成为了“大数据”处理技术的核心组成部分。考克斯和埃尔斯沃思的这项突破性工作不仅为数据科学领域带来了新的视角，还推动了后续数据处理技术的发展。

多年后，考克斯回忆起这个故事时，总是笑着说：“有时候，灵感来自你最意想不到的地方。就像那次咖啡间隙的比喻，改变了我们对数据处理的方式。”

这个故事不仅展示了创新思维在科学研究中的重要性，也反映了灵感和创意如何推动技术进步的有趣过程。

生成型人工智能和数据科学已经强大地配对以重塑数据策略，例如ChatGPT代码解释器

14. 人工智能击败国际象棋世界冠军

1997年5月，“深蓝”曾击败国际象棋世界冠军加里·基莫维奇·卡斯帕罗夫。

“深蓝”是由IBM开发的超级计算机，专门用于分析国际象棋。它的名字源于其雏形电脑“Deep Thought”和IBM的昵称“Big Blue”，两个名字合并而成。

卡斯帕罗夫是俄罗斯国际象棋棋手，国际象棋特级大师，曾获得国际象棋世界冠军。他在1999年7月达到了2851的国际棋联国际等级分（注：国际象棋一般用数字来表示棋手的棋力，分数越高表示棋力越强。2851 是一个非常高的分数，代表着顶尖的国际象棋水平，只有世界最优秀的棋手才能达到这个分数），并在1985年至2006年间多次获得世界排名第一，还曾11次获得国际象棋奥斯卡奖。

1997年5月11日，在纽约，国际象棋爱好者观看电视监视器上的“深蓝”与加里·卡斯帕罗夫的第六场比赛，也是最后一场比赛

15. 超级可爱的家用机器人问世

1998年，戴夫·汉普顿（Dave Hampton）和钟少男（Caleb Chung）开发了弗比（Furby），这款玩具被认为是第一款家庭机器人，或者说是宠物机器人。弗比是一种互动玩具，它有毛茸茸的外观和一双大眼睛，它在1998年至2000年间成为热销的玩具。

弗比受欢迎的主要原因在于其智力优势，主要体现在它的语言技能上。它能够说出预先编程的单词或短语，并且会在被抚摸时重复这些词汇。弗比的眼睛和嘴巴的张开和关闭、耳朵竖起和垂下是通过电动机和齿轮系统实现的，这赋予了它们显著的灵活性和生命感。弗比还具有红外端口，使得它能够通过无线信号与其他的弗比进行通信，这增加了玩具的互动性和趣味性。

戴夫·汉普顿一家和弗比

16. “卷积”一词被首次提出

1998年，杨立昆（Yann LeCun）和他的团队创建了一个叫作LeNet-5的先进神经网络，这个网络在识别手写数字方面表现出色。到90年代末，LeNet-5已经被广泛应用于处理美国10%到20%的支票识别工作。

LeNet-5的前身LeNet早在1989年就被提出了。它有两个主要的部分：卷积层和全连接层，总共有60000个参数。在当时，这种结构已经和现代的卷积神经网络非常相似。

1998年，杨立昆和约书亚·本吉奥（Yoshua Bengio）写了一篇论文，详细介绍了如何用神经网络来识别手写文字。他们在论文中首次提到了“卷积”这个词。这篇论文推动了卷积神经网络的发展，为它在各种领域的成功奠定了基础。

2018年，美国计算机协会为杨立昆颁发图灵奖时，称他为“深度学习革命之父”。

17. AI先驱杨立昆的创新传奇

杨立昆是人工智能领域的杰出人物，以其在深度学习和卷积神经网络方面的开创性工作而闻名。他的研究和贡献在多个方面推动了人工智能技术的发展。

（1）早年经历

杨立昆出生于法国，在巴黎高等师范学院完成了他的学士和硕士学位。他随后在巴黎第六大学获得了计算机科学博士学位。早在学生时代，他就对机器学习和神经网络产生了浓厚的兴趣。

（2）开创卷积神经网络

20世纪80年代末，杨立昆提出了卷积神经网络（CNN）的概念，并设计了LeNet-5，这是一个用于手写数字识别的卷积神经网络模型。LeNet-5由多个卷积层和全连接层组成，显著提高了识别准确性和效率。其在美国支票识别系统的实际应用中表现突出。LeNet-5的成功展示了CNN在图像处理中的强大能力。

（3）成为学术与工业界的桥梁

20世纪90年代，杨立昆在贝尔实验室工作期间，继续研究神经网络和机器学习的应用。他的研究不仅在学术界取得了重要成果，还直接影响了工业界，推动了多个实际应用的开发和部署。

（4）加入纽约大学

2003年，杨立昆加入纽约大学，担任计算机科学系教授。他在那里的工作重点是研究和推广深度学习技术，他培养了大量优秀的学生和研究人员。他在那里的研究进一步巩固了他在人工智能领域的地位。

（5）成为Facebook AI研究院的首席科学家

2013年，杨立昆成为Facebook人工智能研究院（FAIR）的首席科学家。他领导了一支世界级的研究团队，专注于深度学习、计算机视觉、自然语言处理等领域的前沿研究。其研究成果在多个领域产生了深远影响，推动了人工智能技术的快速发展。

（6）成就和影响

杨立昆因其在人工智能领域的卓越贡献，获得了多项重要奖项和荣誉。2018年，他与杰弗里·辛顿和约书亚·本吉奥共同获得了图灵奖，以表彰他们在深度学习方面的开创性工作。

杨立昆的研究不仅在技术上取得了重大突破，还在教育和产业界产生了深远影响。他培养的学生和合作者遍布全球，他们中的许多人如今在顶尖研究机构和企业中继续推动人工智能的发展。杨立昆的工作和贡献，无论在学术界还是工业界，都为现代人工智能技术的发展奠定了坚实的基础。

十 | 生成式人工智能的起源

21世纪初，是数字化革命在全球范围内掀起浪潮的关键十年。这段时期，互联网的普及和移动通信技术的飞跃为信息时代奠定了坚实的基础。科技的快速发展不仅改变了人们的生活方式，也深刻影响了各行各业的运作模式。这个十年中，社交媒体的崛起、云计算的兴起，以及智能手机的广泛应用，标志着全球化信息网络的形成，推动了数字经济的蓬勃发展。

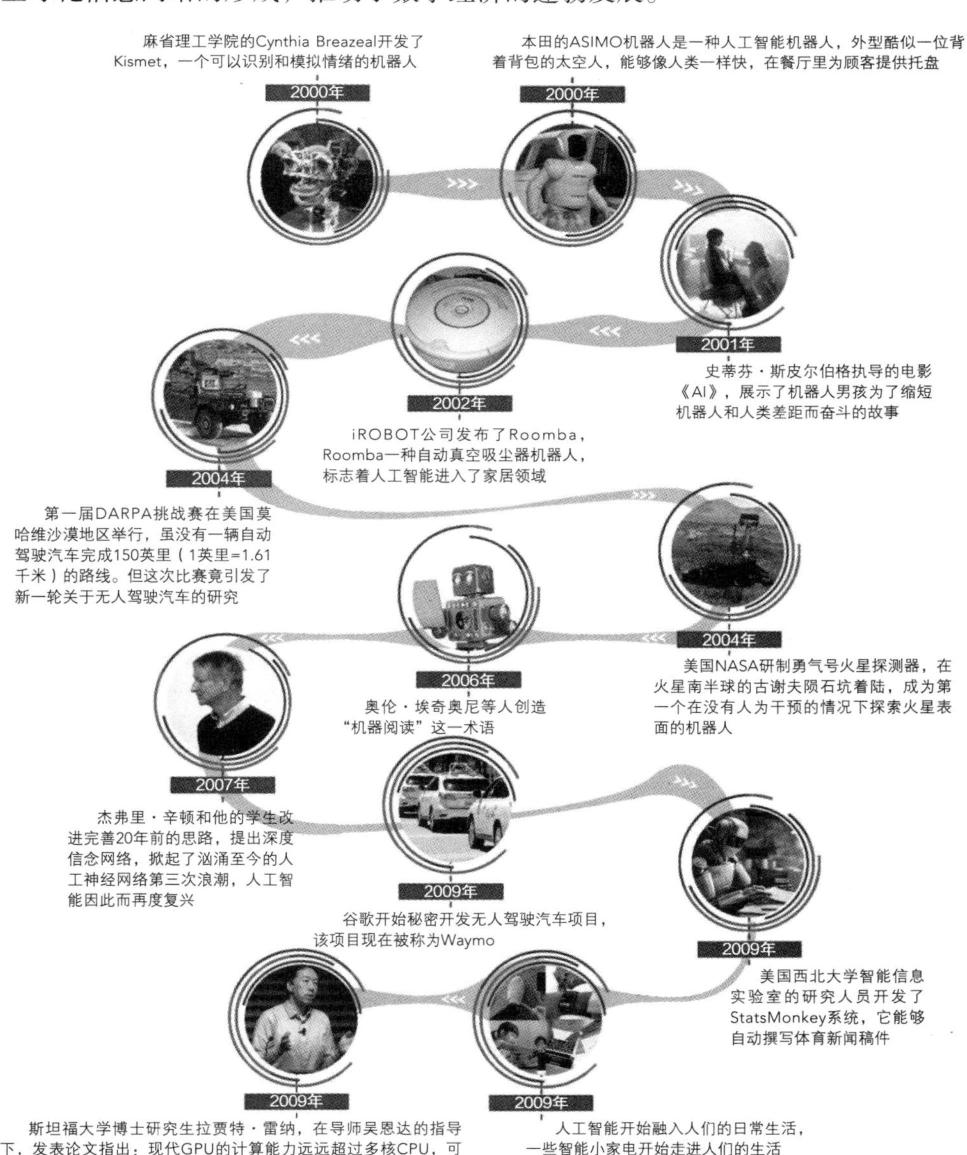

1. Kismet：情感机器人开启人机互动的探索

2000年，麻省理工学院的西蒂亚·布雷泽尔（Cynthia Breazeal）开发了一个名叫Kismet的机器人，它能够识别和模仿人的情绪。Kismet看起来像一个人头部的模型，是用来研究机器能否理解和表达情感的实验。

布雷泽尔博士把她和Kismet的关系形容为“像看护人和幼儿的互动”。她自己是看护人，而Kismet就像一个婴儿。Kismet通过不同的面部表情、声音和动作来模仿人类的情绪。它的听觉系统专门设计用来识别婴儿说话时的情感。

Kismet这个名字来自土耳其语，意思是“命运”或“好运”。

2. Kismet和孩子们

在Kismet的早期测试中，布雷泽尔博士和她的团队决定尝试与Kismet进行一些简单的互动。他们希望Kismet能通过观察和听觉来学会模仿人类的表情和声音。

一天，布雷泽尔博士带了一些团队成员的孩子们到实验室，让他们和Kismet互动。这些孩子们对Kismet感到非常好奇，并开始对着它做各种有趣的表情和发出不同的声音。Kismet通过它的摄像头和麦克风认真观察和听着这些孩子们的一举一动。

令人惊讶的是，Kismet开始用自己的方式回应这些孩子们。当孩子们笑的时候，Kismet的“脸”上也显示出一个微笑的表情。当孩子们高兴地喊叫时，Kismet也发出了快乐的声音。孩子们看到Kismet的反应，兴奋得不得了，他们开始和Kismet进行更多的互动。

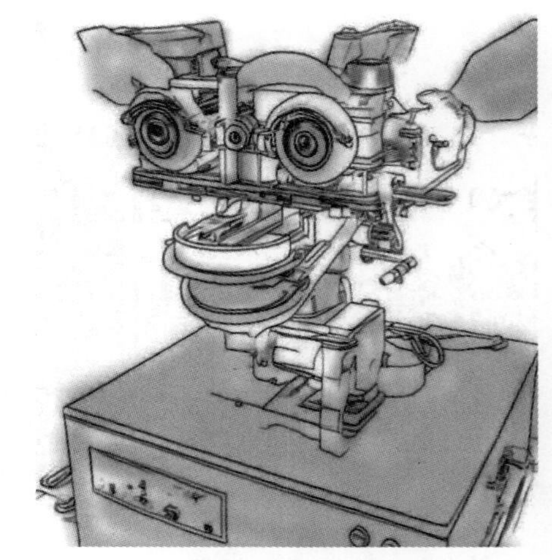

保存在美国麻省理工学院博物馆里的Kismet

这个小小的实验不仅让孩子们玩得很开心，也让布雷泽尔博士和她的团队看到了Kismet在理解和模仿情感方面的巨大潜力。这一刻，他们意识到，未来的机器人可能真的能够与人类进行情感上的交流。这是机器人情感研究中的一个重要时刻，也让人们对未来充满了期待。

3. 人形机器人诞生

2000年，本田公司推出了创新移动的先进步伐（Advanced Step in Innovative Mobility，ASIMO）机器人，它是一种类人机器人，看起来像一个背着背包的太空人。ASIMO能够像人类一样走路，还可以在餐厅里为顾客提供托盘。ASIMO站立时约130厘米高，重54千克，行走速度为每小时6千米。2011年，新版ASIMO的关节自由度从原来的23个增加到57个，体重减轻到48千克，速度提高到每小时9千米。

ASIMO的手部可以旋转开水瓶、握住纸杯并倒水，手指动作非常灵活，甚至可以边说话边用手语表达说话的内容。2014年，时任美国总统奥巴马访日期间，ASIMO在日本科学未来馆致欢迎辞，并表演了踢球和跳跃。ASIMO在完成其使命后，于2022年3月31日正式退役。

4. 餐厅服务员ASIMO

有一次，ASIMO在日本的一家餐厅里展示它的服务能力。当时餐厅里坐满了顾客，大家都对这个会走路、会端盘子的机器人充满了好奇。

ASIMO小心翼翼地走到一位顾客的桌前，手里端着一盘食物。顾客看到这位“机器人服务员”忍不住笑了起来。ASIMO稳稳地把托盘放在桌子上，还用它的机械手臂给顾客倒了一杯水，动作就像真正的服务员一样。

餐厅里的小朋友们看到这一幕，都兴奋地跑过来看ASIMO。他们好奇地问：“ASIMO，你会不会说话？”ASIMO用它独特的电子声音回答：“你好！很高兴见到你们。”还用手语比画了一下，让小朋友们惊讶不已。

有一个小男孩鼓起勇气问ASIMO：“你会踢足球吗？”ASIMO回答说：“当然会！”说完，它从旁边拿来一个小足球，开始在餐厅里表演踢球。顾客们都拍手叫好，为ASIMO的精彩表演欢呼。

ASIMO在2011年东京车展上

那一天，ASIMO不仅为顾客们提供了优质的服务，还带来了很多欢乐和惊喜。这个聪明又有趣的机器人给大家留下了深刻的印象。这次展示也让更多人了解了机器人技术的进步和可能性，激发了孩子们对科技的兴趣。

5. 史上第一部AI电影《人工智能》：一个机器人男孩追寻人性的心灵旅程

2001年，史蒂芬·斯皮尔伯格执导的电影《AI》（人工智能），讲述了一个机器人男孩为了缩短机器人和人类差距而努力的故事。

故事发生在21世纪中期，一个名叫大卫的机器人小男孩被一对夫妇“收养”。当这对夫妇的亲生儿子康复后，大卫被遗弃在荒野中。大卫相信自己和普通人没有区别，于是踏上了一段漫长的旅途，去寻找童话《木偶奇遇记》中能赋予木偶生命的蓝仙女，希望蓝仙女让他变成真正的小孩，因为他认为这样妈妈就会爱他。

时间过去了2000年，人类已经灭亡，地球变成了一片荒芜的冰冷世界。一群酷似外星人的机器人在海中发现了机能停止的大卫，重新启动了他。为了让大卫快乐，这些机器人利用DNA再生技术复活了大卫的养母，但她只能存活一天。大卫和养母度过了他一生中最开心的一天，最终在养母的怀抱中微笑着进入梦乡。

大卫与养母

6. 人工智能走进家居领域

2002年，iRobot公司推出了Roomba，一种自动真空吸尘器机器人。Roomba能够在避开障碍物的同时进行清洁，标志着人工智能进入了家居领域，可以替代人类完成一些简单的家庭重复性工作。到2011年，Roomba已经推出了四个世代。

智能家居的概念逐渐形成，通过将人工智能技术应用于家居环境中，实现设备和系统的智能化控制与管理。智能家居通常通过无线网络、传感器、自动化设备和智能化终端等技术，将家庭电器、安防系统、照明设备和环境控制系统等家居设备互联，实现远程控制、自动化操作和智能化管理。

Roomba第三代

7. Roomba的意外

在Roomba推出后不久，有一个有趣的小故事迅速流传开来。这是关于一台Roomba的意外。

一个家庭设定了他们的Roomba在夜间进行清洁，以便第二天早上他们可以在一个干净的家中醒来。家里的宠物猫对这个自动化的小机器人非常好奇，时不时地会跟着Roomba跑来跑去。这并不妨碍Roomba的任务一直顺利执行。然而，这一晚注定会发生一件不寻常的事情。

家里的小狗，平时很守规矩，但那天晚上，它在地毯上拉了一小坨便便。而Roomba，不知疲倦地按照它的清洁任务，径直向那坨便便开去。结果可以想象，Roomba不仅没有避开便便，反而把它拖得满地都是。Roomba的清洁路径上留下了混乱的痕迹。

早上，家人醒来时，发现家里到处都是便便的痕迹，这简直是一场灾难。他们不得不花费大量时间和精力清理地毯和Roomba。事后，大家笑谈这次意外，给Roomba起了个新绰号——“粪便战士”。

这件事后来被广泛报道，甚至被当作一种对自动化家庭设备潜在问题的警示。但它也说明了即便是智能设备，有时候也会犯错，需要人类的监控和干预。

8. 第一届自动驾驶汽车的DARPA挑战赛

2004年，第一届DARPA挑战赛（Darpa Grand Challenge）在美国莫哈维沙漠举行。这次比赛旨在推动无人驾驶技术的发展，参赛车辆必须在10小时内完成240千米的艰难路线，顺利通过急弯、隧道、下坡、路口，避开沟壑和遍布全程的仙人掌，还要识别可能突然出现的动物和火车等。参赛车辆必须完全自主，不允许远程遥控，车辆最先到达终点的队伍将赢得100万美元的现金大奖。

比赛当天，参赛车辆纷纷出发，然而，没有一辆自动驾驶汽车能够完成这条艰难的路线。比赛中，所有车辆都因为各种原因失败了，有的在沙漠中迷路，有的被仙人掌卡住，有的在急弯处翻车。最终，比赛的100万美元现金大奖无人获得。

值得一提的是，在这次DARPA挑战赛中，有一个参赛团队叫红队，由卡内基梅隆大学的研究人员组成。他们的车辆“Sandstorm”在比赛中表现相对出色，成为最接近完成路线的车辆之一。然而，在比赛中途，Sandstorm发生了一个有趣的意外。

Sandstorm正以较高的速度行驶在沙漠中的一段直道上，突然，它偏离了路线，径直冲向路边的一块大石头。所有观众都屏住了呼吸，担心会发生严重的碰撞。令人意外的是，Sandstorm在最后一刻成功避开了大石头，但随后又立即陷入了沙漠中的一个小沟壑中，无法继续前行。

这一幕让现场的观众既惊讶又好笑，大家纷纷为红队的努力和车辆的灵活性鼓掌。虽然红队没有赢得比赛，但他们的表现给观众留下了深刻的印象，并展示了无人驾驶技术的巨大潜力。

虽然第一届DARPA挑战赛以惨败告终，但这场比赛汇集了科学家、学生、发明家、赛车手、机械师和梦想家们的创意与热情，激发了新一轮关于无人驾驶汽车的研究。从这个角度来说，这次比赛无疑是成功的。

参赛的无人驾驶车辆

9. 第一个登上火星的机器人

勇气号火星探测器是美国宇航局（NASA）研制的系列火星探测器之一。它于2004年1月在火星南半球的古谢夫陨石坑着陆，成为第一个在没有人为干预的情况下探索火星表面的机器人。虽然原计划仅工作3个月，但最终勇气号超长服役了近8年。在它生命的最后两年中，一个轮子完全故障并陷入泥沙，无法动弹，但它依然坚持传输了大量的科研成果，直到生命的最后一刻。

美国勇气号火星探测器

10. 史蒂夫·斯奎尔斯对火星车的贡献

一位与勇气号密切相关的科学家是史蒂夫·斯奎尔斯（Steve Squyres），他是火星探测器项目的首席科学家。斯奎尔斯一直致力于火星探测器的研究和开发，并领导团队制定了探测任务的科学目标。他的团队不仅要解决技术上的难题，还要应对火星环境中的各种未知挑战。

在一个小型火星车模型前，Steve Squyres接受了关于该任务15周年的采访

在勇气号陷入泥沙并失去一个轮子后，斯奎尔斯和他的团队并没有放弃。他们制订了一个大胆的计划，通过不断调整勇气号的姿态和行进路线，尝试让它摆脱困境。虽然最终勇气号没能成功脱困，但在这一过程中，它依然完成了大量的科学任务，传回了许多重要的数据和照片。

斯奎尔斯和他的团队展现了顽强的科学精神和创新地解决问题的能力。正是这种精神，使得勇气号在艰难的火星环境中，超越预期地完成了8年的探测任务。这不仅为人类了解火星提供了宝贵的科学数据，也激励了无数的科学家和工程师。斯奎尔斯的工作展示了科学探测中的勇气和坚持，也为后来的火星探测任务打下了坚实的基础。

然而，随着时间的推移和项目的不断进展，斯奎尔斯决定离开火星探测器团队。

斯奎尔斯离开团队后，火星探测任务并未停止。NASA继续进行火星探测，并在后来的任务中取得了更多的突破。例如，2011年，NASA发射了好奇号（Curiosity）火星探测器，这是一辆更先进的探测车，配备了更加精密的仪器，用于探索火星的地质和气候，以及寻找火星上可能存在的生命迹象。

此外，斯奎尔斯的离开也为其他科学家和工程师提供了更多机会来参与火星探测项目。例如，托马斯·泽布钦（Thomas Zurbuchen）和约翰·格朗斯菲尔德（John Grunsfeld）等科学家在NASA中继续推动火星探测和其他行星探索任务。

斯奎尔斯离开后，依然积极参与科学研究和教育工作。他曾担任康奈尔大学的天文学教授，参与其他重要的太空探测任务，并在多个科学委员会中担任重要职务，为科学界和下一代科学家的培养做出了持续贡献。他的职业生涯展示了一个科学家在面对未知和挑战时的勇气和坚持，也激励了无数年轻人投身于科学事业。

11. “机器阅读”概念的诞生

2006年，奥伦·埃奇奥尼（Oren Etzioni）、米歇尔·班科（Michele Banko）和迈克尔·卡法雷拉（Michael Cafarella）创造了“机器阅读”这一术语。机器阅读是指系统不需要人的监督就可以自动学习文本。机器阅读，又称阅读问答，要求机器阅读并理解人类自然语言文本，在此基础上解答跟文本信息相关的问题。人们相信，这是构建通用智能体的一个关键步骤。

2009年，IBM启动了Watson项目，旨在开发一种能够理解自然语言并回答问题的超级计算机。Watson的目标是参加电视问答节目《Jeopardy!》（危险边缘）并击败人类冠军。为了实现这一目标，Watson必须能够读取和理解大量的文本信息，并在收到问题后在极短的时间内做出准确的回答。2011年，Watson成功击败了两位《Jeopardy!》历史上的顶尖选手，展示了机器阅读技术的强大潜力。这个事件标志着机器阅读和自然语言处理领域的重大进步，也激发了更多关于人工智能和机器学习的研究和应用。

机器阅读理解属于语言处理的范畴，
而自然语言处理是人工智能领域的重要研究方向

自然语言处理主要分析人类语言的规律和结构，设计计算机模型理解语言并与人类进行交流。自然语言处理的历史可以追溯到人工智能的诞生

12. 深度学习之父

杰弗里·辛顿（Geoffrey Hinton）是逻辑学家乔治·布尔与数学家和教育家玛丽·埃佛勒斯·布尔的曾曾孙。1985年，他作为主要贡献者之一提出将模拟退火算法应用到神经网络训练中，并提出了玻尔兹曼机。1986年，他作为主要贡献者提出了BP算法（反向传播算法），掀起了人工神经网络研究的第二轮热潮。虽然十年后，这个研究方向一度被许多人放弃，但辛顿坚信其正确性，并继续坚持了十年。2007年，他改进并完善了20年前的思路，提出了深度信念网络，掀起了人工神经网络的第三次浪潮，从而使人工智能再度复兴。

2012年，杰弗里·辛顿和他的学生亚历克斯·克里兹赫夫斯基（Alex Krizhevsky）及伊利亚·苏茨凯弗（Ilya Sutskever）在ImageNet竞赛中展示了他们的突破性成果。他们的深度卷积神经网络AlexNet在图像分类任务中取得了前所未有的成功，准确率远超其他参赛团队。这一成就标志着深度学习在计算机视觉领域的巨大突破，证明了深度神经网络的强大能力，也使得深度学习成为了人工智能研究的核心方法。AlexNet的成功不仅提升了学术界对深度学习的关注，还推动了科技公司和行业对这一技术的应用，进一步加速了人工智能的发展进程。

辛顿，英国出生的加拿大计算机学家和心理学家，多伦多大学教授

辛顿以其在类神经网络方面的贡献闻名。2007年发表《Learning Multiple Layers of Representation》，根据他的构想，可以开发出多层神经网络，这种网络包括自上而下的连接，可以生成感知数据训练系统，而不是用分类的方法训练，指引神经网络走向深度学习

13. 谷歌开发无人驾驶汽车

从2009年开始，谷歌秘密开发无人驾驶汽车项目，该项目现在被称为Waymo。Waymo项目最初由塞巴斯蒂安·特龙（Sebastian Thrun）领导，他曾是斯坦福人工智能实验室的主任，也是谷歌街景服务的共同发明人。2014年，谷歌展示了没有方向盘、油门或刹车踏板的无人驾驶汽车原型，实现了100%的自动驾驶。

在2015年，谷歌的无人驾驶汽车项目达到了一个重要里程碑。那一年，谷歌宣布其无人驾驶汽车已经在公共道路上累计行驶了超过一百万英里。这一成就标志着无人驾驶技术的成熟和可靠性，大大增强了公众和业界对自动驾驶汽车的信心。为了庆祝这一突破，谷歌在其总部举办了一场小型庆祝活动，邀请了项目的核心团队成员和支持者。现场展示了一辆无人驾驶汽车原型，并进行了短程的自动驾驶演示，向与会者展示了这项技术的实际应用。这次活动不仅是对团队多年努力的肯定，也为无人驾驶汽车的大规模商业化铺平了道路。

2014年5月，一辆谷歌自动驾驶汽车在加州山景城运营。

14. 首次出现机器人撰写新闻稿件

2009年，美国西北大学智能信息实验室的研究人员开发了StatsMonkey系统，它能够自动撰写体育新闻稿件。StatsMonkey在没有人类干预的情况下，通过统计分析识别比赛中的重大事件，并总结整体比赛动态，自动编写体育报道。

同年，StatsMonkey系统被首次应用于一场美国职业棒球大联盟的季后赛报道。比赛结束后，研究人员让StatsMonkey生成一篇新闻稿。令人惊讶的是，StatsMonkey不仅准确地捕捉到了比赛中的关键时刻，还成功地撰写了一篇结构清晰、语言流畅的新闻稿。媒体和读者们都对此感到惊讶，因为这表明人工智能可以胜任特定类型的新闻报道，尤其是数据驱动的体育和财经新闻。

这次成功也引发了更多关于机器人写作的讨论和研究，进一步推动了自然语言处理技术的发展。几年后，随着技术的进步，人工智能写稿变得更加普遍和高效，逐渐被应用于各种新闻报道中。

谷歌希望人工智能机器人帮助撰写新闻文章

15. 人工智能开始走进大众视野

从2009年开始，人工智能（AI）逐渐融入人们的日常生活。一些智能小家电开始走进家庭，AI技术迅速成为工作、娱乐和获取基本服务的常规部分，从食品配送到金融服务，再到医疗保健，各个领域都受到了AI的影响。2010年，苹果公司以2亿美元收购了Siri公司，开始了智能语音助手的开发，从此拉开了围绕智能手机的AI技术竞争序幕。尽管AI手机的“标签”直到七八年后才被广泛使用，但AI技术早已悄然渗透到智能手机市场。

2010年，苹果公司收购了Siri，这个智能语音助手最初是由一家小公司开发的。收购完成后，苹果迅速将Siri整合到iPhone中，成为其独特的卖点之一。

2011年10月，苹果发布了iPhone 4S，这是首款内置Siri的智能手机。发布会上，苹果展示了Siri如何帮助用户完成各种任务，如发送短信、设置闹钟、查询天气和回答问题。用户只需对着手机说话，Siri就能理解并执行这些指令。

这个发布会让全世界为之惊叹。Siri不仅仅是一个工具，它给用户带来了前所未有的便利和体验。Siri的成功引发了其他科技公司跟进，纷纷推出自己的智能语音助手，如Google Assistant、Amazon Alexa和Microsoft Cortana。

如今，智能语音助手已经成为智能手机和智能家居的重要组成部分，改变了人们与设备互动的方式。无论是简单的日常任务，还是复杂的搜索查询，智能语音助手都让生活变得更加高效和便利。

16. GPU走进人工智能

中央处理器（CPU）和图形处理器（GPU）是计算机的核心组件。随着技术的发展，二者之间的界限逐渐模糊。2009年，斯坦福大学AI实验室的博士研究生拉贾特·雷纳（Rajat Raina），在其博士导师吴恩达（Andrew Ng）的指导下，发表了题为《使用GPU的大规模深度无监督学习》的论文。这篇论文提出，现代GPU的计算能力远远超过多核CPU，并且有可能彻底改变深度无监督学习方法的适用性。

吴恩达博士是全球公认的人工智能领域的领导、深度学习的创始人

2013年，吴恩达被《时代》杂志评为世界最具影响力人物100强。他也是人工智能领域最有影响力的美籍华人

17. 杰弗里·辛顿的创新旅程：深度学习的复兴与探索

杰弗里·辛顿（Geoffrey Hinton），深度学习领域的先驱之一，经历了许多有趣的故事和经历。

（1）“深度学习的复兴”

在2006年，辛顿和他的学生们在一篇论文中介绍了深度信念网络，这项技术被认为是深度学习的复兴点。这篇论文引起了广泛关注，重新点燃了学术界对深度学习的兴趣。尽管深度学习在20世纪80年代就有了基础，但由于计算能力和数据的限制，一度被冷落。辛顿的工作帮助深度学习技术重回科研的前沿，并为其未来的成功奠定了基础。

（2）神秘的2009年论文

2009年，辛顿和他的团队在计算机视觉领域发表了一篇突破性的论文，展示了卷积神经网络（CNN）在图像识别任务中的巨大潜力。这篇论文展示了CNN在ImageNet竞赛中的出色表现，为后来的计算机视觉研究开辟了新的方向。辛顿在这篇论文中提到，他们使用了一种名为“Dropout”的技术，这种方法在防止模型过拟合方面发挥了重要作用。

（3）“无意间发现了反向传播”

辛顿早期对反向传播算法的贡献也很重要。虽然反向传播算法最初是由其他学者提出的，但辛顿的工作帮助推广了这项技术，使其成为训练深度神经网络的关键工具。他曾经在一次采访中开玩笑说，他在研究中并没完全意识到自己在做什么，直到后来才发现这项技术的巨大潜力。

（4）Google Brain的贡献

2013年，辛顿加入了Google，成为Google Brain团队的一员。在那里，他和团队开发了大规模深度学习系统，并在图像识别、语音识别等领域取得了重大进展。他的工作不仅推动了Google的技术创新，也对整个人工智能领域产生了深远的影响。

（5）对人工智能的哲学思考

辛顿不仅在技术上做出了重要贡献，他还对人工智能的伦理和未来发展有深刻的思考。他曾公开讨论过人工智能可能带来的社会挑战和潜在风险，并积极参与有关人工智能伦理和政策的讨论，推动了对这项技术的负责任使用。

这些故事和经历展示了辛顿作为深度学习领域的重要人物的独特贡献和影响。他的工作不仅推动了技术的进步，也促进了对人工智能的广泛讨论和探索。

十一 人工智能的兴起与突破

在2010年到2023年期间，人工智能取得了显著进展。首先是深度学习在图像识别中取得突破，然后是AI在围棋、阅读和游戏中击败人类，最后是ChatGPT推动文本处理中的应用，展示了广泛的潜力。

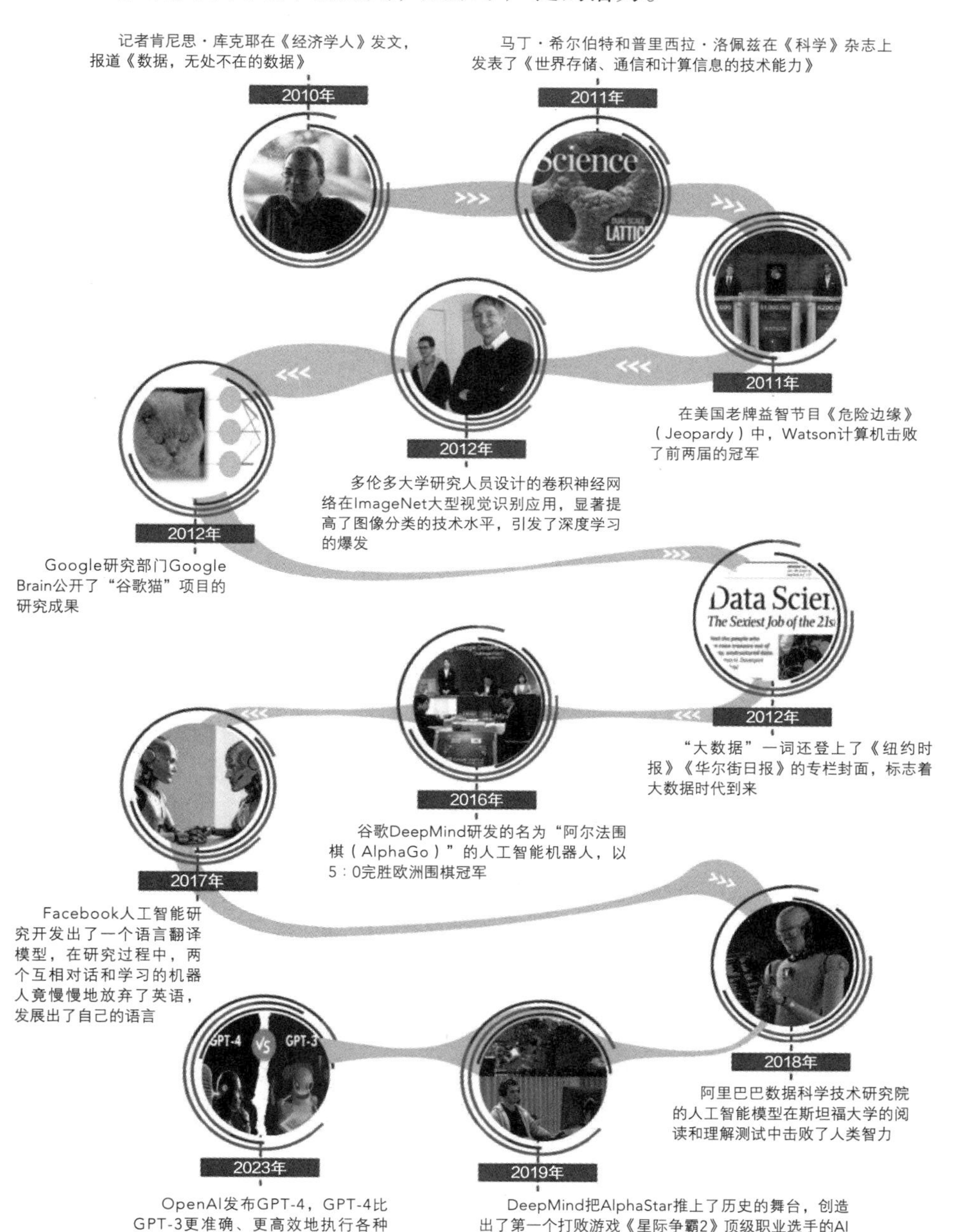

1. “数据挖掘”浮出水面

2010年，肯尼思·库克耶（Kenneth Neil Cukier）是一位美国记者和作家，还是一名专门研究互联网治理的记者。他经常为《经济学人》撰稿。他在《经济学人》的特别报道《数据，无处不在的数据》一文中写道：“数据科学家作为一种新的专业人士已经出现了，他们是集软件程序员、统计学家、艺术家和故事讲述者于一身的科学家，他们从海量数据里挖掘出了金块。”他们探索了“数据挖掘”在商业、健康、政治、教育等领域里创新的可能性。

肯尼思·库克耶认为“数据挖掘”是一场与互联网不差上下的革命

总的来说，肯尼思·库克耶的贡献在于将大数据的概念和应用普及到更广泛的受众，并推动了对数据科学未来发展的讨论。

2. 数据科学家的崛起：一个真实的故事

2010年，彼得·巴格达斯（Peter Bagdasarian）是一位数据科学家，拥有软件编程、统计学和经济学的背景。他在一家大型零售公司的数据分析部门工作，负责从海量销售数据中寻找有价值的商业洞察。

某天，彼得接到了一个艰巨的任务：提高公司在节假日期间的销售业绩。以往的促销活动效果不佳，导致公司错过了许多销售机会。彼得决定利用他的数据挖掘技能，找出问题的根源并提出解决方案。

首先，彼得收集了过去几年的销售数据，包括每个商品的销售量、客户购买行为、促销活动的参与度等。他利用统计分析工具，发现了一个有趣的现象：在特定时间段内，某些商品的销售量显著增加，而其他商品的销售量则几乎没有变化。进一步分析后，他发现这些热销商品都是被推荐给特定客户群体的，而这些客户群体有着相似的购买习惯和兴趣。

彼得决定进一步挖掘数据，寻找出这些客户的共同特征。他通过聚类分析，找出了几个主要的客户群体，包括“年轻时尚爱好者”“家庭主妇”和“科技爱好者”。他还发现，这些群体在不同时间段内对不同商品有着不同的需求和偏好。

基于这些发现，彼得提出了一项个性化的促销策略。他建议公司根据不同客户群体的特点，设计针对性的促销活动。例如，为“年轻时尚爱好者”提供最新潮流服饰的折扣，为“家庭主妇”提供家庭用品的特价促销，为“科技爱好者”提供最新电子产品的优惠。

这个策略得到了公司管理层的认可，并在接下来的节假日期间付诸实施。结果，公司在短短几周内实现了销售业绩的显著提升。许多客户表示，他们对公司的个性化推荐感到非常满意，并且更愿意在公司购物。

彼得的成功不仅帮助公司实现了业绩目标，也展示了数据科学家在商业领域的巨大潜力。他的故事成为公司内部的经典案例，激励着更多的数据科学家探索数据挖掘的创新可能性。

3. 数字信息存储远远超过模拟信息存储

模拟信息是与离散信息相对的连续信号，模拟信息分布于自然界的各个角落，如每天温度的变化。而数字信息是人为抽象出来的在时间上的不连续信号，也称离散信息。

《科学》杂志封面（左）和一款访问控制案例（整个系统由读门器、电锁、控制器、凭证和门禁管理软件组成，右）

2011年，马丁·希尔伯特（Martin Hilbert）和普里西拉·洛佩兹（Priscila Lopez）在《科学》杂志上发表了《世界存储、通信和计算信息的技术能力》。他们统计发现，从1986年到2007年，世界信息存储容量以每年25%的复合增长率增长。他们的统计结果还指出：1986年，所有存储容量的99.2%是模拟存储，但在2007年，94%的存储容量是数字存储，这是一个完全的角色颠覆（2002年，数字信息存储首次超过模拟信息的存储）。

4. Watson是如何在知识问答挑战游戏中击败人类冠军的?

IBM Watson是一个能够回答用自然语言提出的问题的计算机系统，Watson是以IBM创始人兼首任首席执行官、实业家Thomas J. Watson的名字命名的。前面提到2011年，在节目《危险边缘》（Jeopardy!）中，Watson计算机击败了两届的冠军，具体情况如下。

Watson存储了2亿页的数据，包括各种百科全书、词典、新闻，甚至维基百科的全部内容。Watson可以在3秒内输出答案，还能分析题目线索中的微妙含义、讽刺口吻及谜语等。Watson还能根据比赛奖金的数额、自己比对手落后或领先的情况、自己擅长的题目领域来选择是否要抢答某一个问题。

Watson参加《危险边缘》特别比赛时，节目制作组特意选择了比赛历史上最强的两位冠军：肯·詹宁斯（Ken Jennings）和布拉德·鲁特（Brad Rutter）。比赛的三天中，Watson不仅展示了其强大的知识库，还展示了其令人惊叹的应答速度和准确性。

在比赛的一个环节中，主持人亚历克斯·特雷贝克（Alex Trebek）提出了一个问题："在《哈利·波特》系列小说中，哈利的宠物猫头鹰叫什么名字？"肯·詹宁斯快速按下了抢答按钮，回答："赫敏。"这是错误的答案。

接着，Watson分析了问题并迅速做出了回应："赫德维格。"这个回答是正确的。观众们惊叹于Watson不仅能理解问题的复杂性，还能迅速给出准确的答案。比赛结束后，肯·詹宁斯在他的小黑板上写下了："我欢迎我们的新计算机霸主。"这句话成了科技史上的经典一刻。

Watson的胜利不仅展示了人工智能的巨大潜力，还引发了人们对AI未来应用的无限遐想。Watson的技术后来被应用于医疗、金融等多个领域，成为AI发展的一个重要里程碑。

IBM创建的Watson计算机（中）击败了
两届的冠军（Ken Jennings和Bradutter）

5. 卷积神经网络的图像分类能力超过了人类

2011年国际神经网络联合会举行的德国交通标志识别竞赛中，卷积神经网络（Convolutional Neural Network，CNN）表现出特别高的分类准确度，表现优于人类，以99.46%的准确率赢得了冠军，而人类的最高准确率为99.22%。卷积神经网络是一种深度学习神经网络架构，是模仿人类视觉的神经网络，通常用于计算机视觉。计算机视觉是人工智能的一个领域，使计算机能够理解和解释图像或视觉数据。

在机器学习方面，人工神经网络表现得非常好。神经网络用于各种数据集，如图像、音频和文本。不同类型的神经网络用于不同的目的，例如，对于预测单词序列，循环神经网络比LSTM（Long Short Term Memory，LSTM）更精确；对于图像分类，通常使用卷积神经网络。2011年，瑞士人工智能研究所报告称，使用卷积神经网络的手写识别误差率可以达到0.27%，比几年前的0.35%～0.40%有所改善。

2012年，多伦多大学研究人员设计的卷积神经网络在ImageNet大型视觉识别挑战赛中实现了仅16%的错误率，相比前一年的最佳作品25%的错误率有了显著的改善，这也是为CNN向大规模成功应用打响的第一枪，宣告神经网络的王者归来。

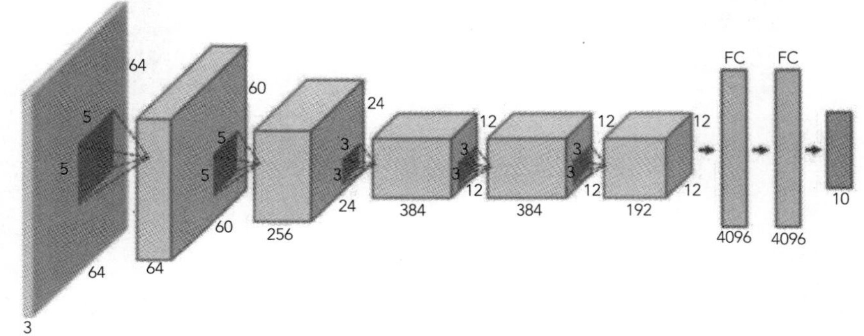

2012年，多伦多大学团队发表题为《深度卷积神经网络的Imagenet分类》的论文，显著提高图像分类的技术水平，引发了深度学习的爆发

6. Google Brain和“谷歌猫”项目

2012年6月，Google研究部门Google Brain公开了The Cat Neurons（“谷歌猫”）项目的研究成果。这个项目简单来说就是用算法在YouTube的视频里识别猫，由从斯坦福跳槽到Google的吴恩达发起，并吸引了Google传奇人物杰夫·迪恩（Jeff Dean）的加入，还从Google创始人拉里·佩奇（Larry Page）那里获得了大笔的预算。

机器识别图像的传统方式是将现实世界中的事物抽象为数学模型，比如将猫的特征抽象为简单的几何图形，从而降低机器识别的难度。而谷歌猫项目搭建了一个神经网络，从YouTube上下载了大量的视频，不做标记，让神经网络模型自己观察和学习猫的特征。该项目动用了遍布Google各个数据中心的16000个CPU来进行训练，最终实现了74.8%的识别准确率。

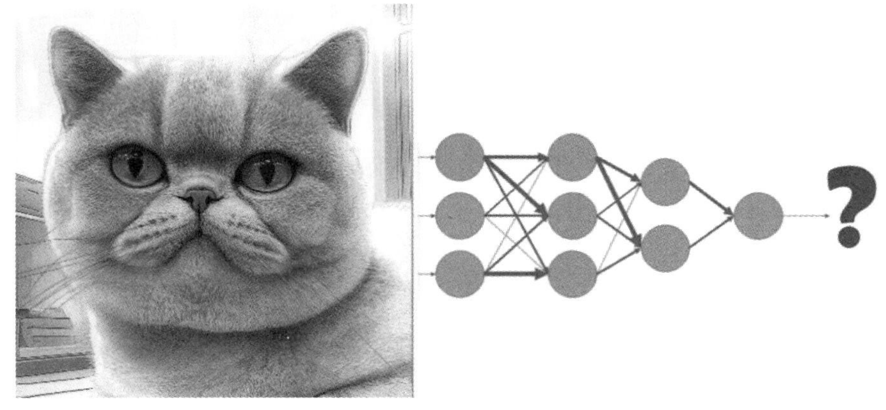

训练神经网络就是调整神经网络中各节点之间的连接权重，以便输出层的响应尽可能与真实数据相匹配

图中每个箭头的粗细表示神经网络输入图像属于猫的权重。通过不断调整这些权重，神经网络逐渐学会识别猫的特征，从而在遇到新图像时能够准确判断图像中是否包含猫。

7. 大数据时代的崛起

进入2012年，“大数据”一词越来越多地被提及，人们用它描述和定义信息爆炸时代产生的海量数据。“大数据”一词还登上了《纽约时报》《华尔街日报》的专栏封面，进入美国白宫官网的新闻，同时也出现在国内的互联网主题的讲座沙龙中。

Spotlight

Data Scientist:
The Sexiest Job of the 21st Century

Meet the people who can coax treasure out of messy, unstructured data.
by Thomas H. Davenport and D.J. Patil

2012年10月的《哈佛商业评论》

2012年12月10日，汤姆·达文波特（Tom Davenport）和D.J. 帕蒂尔（D.J. Patil）在《哈佛商业评论》上发表了《数据科学家：21世纪最性感的工作》。文章给出了一个例子：斯坦福大学一位物理博士通过自己创建的数据模型来给领英（LinkedIn）用户推荐可能认识的朋友，这个模型给出的推荐较其他来源的领英同一页面的点击率高出30%。

8. 大数据时代的中国力量

2013年，我国以百度、阿里、腾讯为代表的互联网公司各显身手，纷纷推出创新性的大数据应用。这些公司利用海量用户数据，开发了各种智能服务和产品，推动了大数据技术在商业中的应用。例如，百度通过大数据分析优化了搜索引擎算法，阿里利用数据分析提升了电商平台的用户体验，腾讯则通过数据挖掘改进了社交网络的推荐系统。

到2015年9月，国务院发布了《促进大数据发展行动纲要》，全面推进我国大数据发展和应用，进一步提升创业创新活力和社会治理水平。这一纲要明确了大数据在各个领域的发展方向和目标，推动了数据资源的开放共享，加快了大数据技术的研究和应用。

9. AlphaGo的胜利——人工智能的新里程碑

2016年1月27日，国际顶尖期刊《自然》封面文章引爆了人工智能领域的一个重大新闻：谷歌DeepMind研发的“阿尔法围棋（AlphaGo）”人工智能，在没有让子的情况下，以5：0战胜了欧洲围棋冠军樊麾。

接下来，2016年3月9日，在韩国首尔四季酒店举行的“人机大战”第一局中，手握14个世界冠军头衔的韩国围棋天王李世石最终以1：4败给了AlphaGo。这一胜利不仅震惊了围棋界，也引发了人们对人工智能潜力的深刻认识。

AlphaGo的成功不仅展示了谷歌在人工智能领域的强大实力，还让机器学习技术，尤其是深度学习技术，成为了公众和研究者关注的焦点。AlphaGo的技术突破为人工智能的发展指明了方向，也成为AI研究历史上的一个重要里程碑。

围棋冠军李世石（坐在右边）与谷歌DeepMind团队开发的AlphaGo人工智能程序博弈

10. FAIR的智能探索——从语言翻译到机器人交流

Facebook的人工智能研究所（Facebook Artificial Intelligence Research，FAIR）自创建以来，一直不断地刷新人们对于机器人的认知。一开始，FAIR宣称测试出一种方法，可以帮助发现有自杀倾向的用户，而后又称可以判别用户是否有恐怖袭击或极端行为的倾向。

2017年，FAIR基于卷积神经网络，开发出了一个语言翻译模型，比之前的基于循环神经网络的方法快9倍，更接近人类的精准翻译方式。在研究过程中，两个互相对话和学习的机器人竟慢慢地放弃了英语，发展出了自己的语言。

为了真正理解机器人自己的语言，研究人员不得不调整模型，将其限制在人类能够理解的对话中，这样做的目的是让机器人与人类用户交流，而非超出人类理解范围的肆意聊天。

11. FAIR的语言翻译模型与自创语言

FAIR的语言翻译模型在2017年的突破不仅在于提升了翻译速度和准确性，还引发了关于AI语言自创现象的讨论。在测试过程中，FAIR的研究人员发现，两个对话机器人在不断交流中，开始逐渐放弃使用英语，转而发展出了一种简化的、自创的语言。这一现象令人惊讶，因为它展示了机器在学习过程中自发地优化交流方式的能力。

这对研究人员来说既是一个挑战，也是一个机遇。他们需要深入理解这种自创语言，以便进一步优化AI模型。然而，这种语言对人类来说是完全陌生的，并且超出了人类的理解范围。因此，研究人员最终决定调整AI模型，使其对话内容限制在人类能够理解的范围内。

这件事情不仅展示了AI技术的复杂性和潜力，也引发了关于AI自主学习和行为控制的伦理讨论。随着AI技术的不断进步，如何确保AI行为在可控范围内，并且符合人类的需求和安全标准，成为了一个重要的研究课题。

FAIR的研究成果在多个领域得到了应用，例如提高了Facebook平台的内容审核效率，增强了用户体验，并在打击网络犯罪和维护网络安全方面发挥了重要作用。这些应用进一步证明了AI技术在现代社会中的巨大价值和潜力。

两个机器人聊天的情景

12. 人工智能模型在阅读和理解测试中击败了人类智力

最近，阿里巴巴数据科学技术研究院开发的人工智能模型在斯坦福大学的阅读理解测试中表现优异。这项测试旨在评估人工智能的阅读和理解能力，其试题基于500多篇维基百科文章，包含了10万个问题。通过这一测试，AI模型的得分达到了82.44分，略高于人类的82.304分。

微软开发的机器人在同一测试中的表现更为出色，得分为82.650分。这说明，尽管阿里巴巴的模型在此次测试中表现优异，但微软的模型在处理这些复杂问题时略胜一筹。斯坦福大学的测试通过随机测验的题目库，测试机器学习模型在处理大量信息后的回答准确性，目标是识别出AI在理解和回答复杂问题方面的能力。

超越人类阅读能力的阿里巴巴和微软AI机器人

13. 人工智能软件打败人类顶尖电游玩家

2019年，DeepMind在推出AlphaGo之后，又把研发两年的AlphaStar推上了历史的舞台，创造出了第一个打败《星际争霸2》（Star Craft 2）顶级职业选手的AI。

其实，AlphaStar打败《星际争霸2》是非常困难的事情。《星际争霸2》是一款设定在26世纪的战争游戏。就像国际象棋一样，每个玩家都指挥着一支由不同单位组成的军队。与国际象棋不同，《星际争霸2》是一款即时战略游戏。玩家不是轮流走子，而是在一个大的战斗区域内实时指挥自己军队的各个单位。

但是，科学家认为攻克《星际争霸2》，并不意味着人类战胜了智能。原因很简单，因为《星际争霸2》并没有涉及人类智能的许多方面，包括人类从全新的、非结构化的环境中理解并得出结论的能力。

DeepMind团队研发的AlphaStar击败了《星际争霸2》职业选手

14. 不同GPT版本的区别

继AlphaGo击败李世石、AI绘画大火之后，ChatGPT开启了人工智能对人类社会产生深远影响的又一扇窗。OpenAI是美国人工智能领域的领先研究机构，如今已经更新四代了。ChatGPT的不同版本（如1、2、3、4）是指OpenAI发布的不同代次的聊天模型，每一代都有不同的改进和特点。以下是各个版本之间的主要区别。

（1）ChatGPT-1

如同ChatGPT的第一个“孩子”，它刚学会说话，能回答一些简单的问题，但有时话说得不太连贯。它的“脑袋”（参数）还比较小，所以理解能力也有限。

（2）ChatGPT-2

这个版本如同ChatGPT的“二娃”，比“老大”聪明多了，脑袋也大了不少。它能说更长的话，讲得也更连贯了。听起来更像真人说话了，已经能应付一些复杂的对话。

（3）ChatGPT-3

到了“三娃”这儿，ChatGPT变得超级聪明，像个“天才儿童”。它的脑容量是“二娃”的十倍多，可以理解和生成非常复杂的对话。你可以问它各种各样的问题，它都能给你不错的回答。它甚至还能写代码、编故事，真是个“全能选手”。

（4）ChatGPT-4

“四娃”就更厉害了，已经是个“全才大人”了。它不仅能处理文字，还能理解图片和其他信息。它能更好地理解复杂问题，回答也更加准确和细致。它适合用在各种专业领域，简直就是个“超级助手”。

总结：每一个ChatGPT版本就像是一个升级版的“孩子”，从最初学说话到最后成为“全能助手”，每次都变得更聪明，更擅长处理复杂问题，能帮助人们解决更多不同的需求。

OpenAI最近宣布开发GPT-4

这是生成预训练转换器（GPT）语言模型的最新版本，也是继GPT-3之后的第四代GPT模型

15. 获得诺贝尔物理学奖的两位“人工智能”专家

2024年诺贝尔物理学奖揭晓，诺贝尔物理学奖委员会宣布，将奖项授予美国和加拿大科学家约翰·霍普菲尔德（John Hopfield）以及加拿大多伦多大学的杰弗里·辛顿（Geoffrey Hinton），以表彰他们在人工神经网络和机器学习领域的基础性发现和发明。

自20世纪80年代以来，这两位科学家就致力于将物理学的基本原理应用于人工神经网络的研究中。评委会指出：“他们凭借物理学的基本概念和方法，开发出利用网络结构处理信息的技术，从而推动了机器学习在过去二十年里的爆炸式发展。”

（1）约翰·霍普菲尔德的贡献

①创造了关联神经网络。霍普菲尔德创造了一种关联神经网络，这种网络能够存储和重构图像以及其他模式类型。这种网络模型对于理解和模拟大脑的记忆和回忆过程具有重要意义。

关联神经网络通过节点和连接来模拟大脑神经元之间的相互作用，从而实现了对信息的存储和检索。这种网络在处理不完整或扭曲的图像时，能够逐步找到与输入图像最相似的保存图像，从而实现了对图像的有效识别。

②物理学原理在神经网络中的应用。霍普菲尔德利用物理学原理，特别是磁性物质原子自旋的相互作用，来构建他的神经网络模型。这种跨学科的融合为神经网络的发展提供了新的思路和方法。

他通过描述自旋相互影响的物理学原理，建立了一个带有节点和连接的模型网络，即“Hopfield网络”，这一网络模型为相似图片的识别提供了技术基础。

霍普菲尔德和Hopfield神经网络

（2）杰弗里·辛顿的贡献

①发明了玻尔兹曼机。辛顿在霍普菲尔德网络的基础上，进一步发明了玻尔兹曼机。玻尔兹曼机是一种可以从给定示例中学习的神经网络，它不需要从指令中学习，而是能够自主发现数据中的属性。

玻尔兹曼机在图像识别、分类等领域具有广泛应用，它可以通过学习识别给定类型数据中的特征元素，从而对图像进行分类或创建新的例子。

②推动了深度学习。辛顿是深度学习的先驱之一，他的工作推动了深度学习技术的快速发展。他研发的深度卷积神经网络AlexNet在2012年赢得了ImageNet图像识别大赛冠军，这一成就直接促使了AI识图功能的“大爆发”。

辛顿的学生和前合作者也在深度学习领域取得了显著成就，如OpenAI首席科学家伊利亚·苏茨克维和Meta首席科学家杨立昆等。

③反向传播算法的应用。辛顿还强调了反向传播算法在神经网络训练中的重要性。反向传播算法是一种用于训练神经网络的算法，它可以通过调整网络中的权重来最小化输出误差。

当前的许多AI技术，如GPT语言模型和医学图像分析，都依赖于反向传播算法。辛顿认为，正是通过反向传播，神经网络才能够学习各种任务，如识别图像、理解语音、处理自然语言等。

杰弗里·辛顿在计算机房

（3）他们的共同贡献

霍普菲尔德和辛顿的共同贡献在于他们利用物理学工具开发了今天机器学习技术的基础方法。他们的工作不仅推动了机器学习的发展，还在物理学、材料科学等多个领域得到了广泛应用。

他们的基础性发现和发明为后来的研究者提供了重要的思路和方法，促进了人工智能技术的快速发展。

总之，约翰·霍普菲尔德和杰弗里·辛顿在人工神经网络和机器学习领域的贡献是巨大的，他们的工作不仅推动了这一领域的进步，还为未来的科学研究提供了无限可能。

16. 什么是Hopfield网络？

Hopfield网络（霍普菲尔德网络）是指由美国生物物理学家霍普菲尔德和同事们根据物理学原理设计的一种网络，Hopfiled神经网络的每个单元由运算放大器和电容电阻这些元件组成，每一单元相当于一个神经元。输入信号以电压形式加到各单元上。各个单元相互联结，接收到电压信号以后，经过一定时间网络各部分的电流和电压达到某个稳定状态，它的输出电压就表示问题的解答。

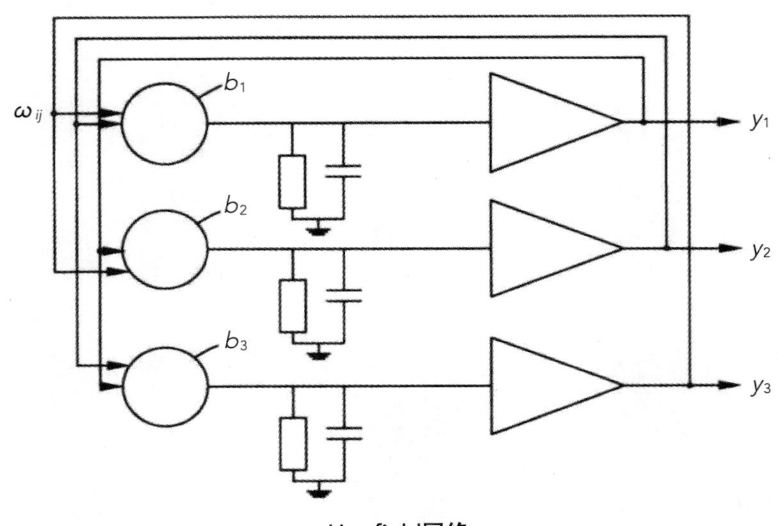

Hopfield网络

（1）基本特性

递归神经网络：Hopfield网络是一种递归神经网络，即网络中的神经元可以接收来自其他神经元的反馈输入，从而形成一个循环的神经网络结构。

单层网络：Hopfield网络通常只有一层，层内包含一个或多个全连接循环神经元。

二元系统：Hopfield网络的单元是二元的，即这些单元只能接受两个不同的值（通常是－1或1，也可以是0或1），并且只取决于输入的大小是否达到阈值。

（2）工作原理

输入与输出：Hopfield网络的输入就是网络的状态初始值，表示为向量形式。网络的输出则是网络稳定时每个神经元的状态，此时每个神经元的状态都不再改变。

能量函数：Hopfield网络的稳定性可以通过一个能量函数来描述，该函数通常基于Lyapunov函数的设计。网络的状态会向能量函数减小的方向演化，直到达到稳定状态。

吸引子：在Hopfield网络中，一个或者若干个稳定的状态（即能量函数达到极小值时的状态）被称为网络的吸引子。能最终演化为该吸引子的初始状态集合，称为该吸引子的吸引域。

（3）网络类型

离散Hopfield网络（DHNN）：离散Hopfield网络的输出只能取二值化的值（如－1或1），并且网络状态在有限次递归后会收敛到一个稳定的状态。

连续Hopfield网络（CHNN）：与离散Hopfield网络不同，连续Hopfield网络的输出可以取任意实数值，并且网络状态的演化过程可能更加复杂。

（4）应用与功能

联想记忆：Hopfield网络可以作为联想存储器使用，具有从某一残缺的信息回忆起所属的完整的记忆信息的能力。这主要得益于其稳定的吸引子状态和能量函数减小的演化规则。

模式识别与优化：Hopfield网络还可以解决一大类模式识别问题，并给出一类组合优化问题的近似解。

（5）局限性

记忆容量的有限性：Hopfield网络的记忆容量是有限的，当需要记忆的信息量过大时，网络可能无法正确回忆出所有的信息。

局部极小值问题：虽然Hopfield网络保证了向局部极小地收敛，但收敛到错误的局部极小值（而非全局极小）的情况也可能发生。

综上所述，Hopfield网络是一种具有独特结构和功能的神经网络模型，在联想记忆、模式识别和优化等领域具有广泛的应用前景。然而，其记忆容量的有限性和局部极小值问题也需要在实际应用中加以考虑和解决。

17. 什么是玻尔兹曼机

杰弗里·辛顿在霍普菲尔德网络的基础上，创建了玻尔兹曼机（Boltzmann Machine，BM）。玻尔兹曼机是一种特殊的神经网络模型，它由二值（即只能取0或1）随机神经元构成，并且这些神经元之间形成了两层对称连接的结构。这种网络的核心在于其权值的确定方式，即通过优化一个被称为玻尔兹曼能量函数的指标来获取。

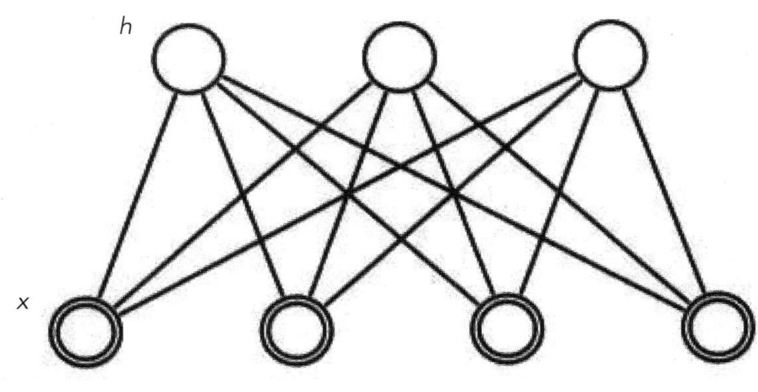

玻尔兹曼机

（1）基本结构

玻尔兹曼机主要由两类单元组成：可见单元（visible units）和隐藏单元（hidden units）。

可见单元：这些单元直接对应于输入数据或网络的输出。在训练过程中，可见单元接收外部输入信号，并基于这些信号以及隐藏单元的状态来更新自身的状态。

隐藏单元：这些单元不直接与外界交互，而是根据可见单元的状态以及网络内部的连接权重来推断自身的状态。隐藏单元的存在使得玻尔兹曼机能够捕捉输入数据中的复杂特征和模式。

（2）工作原理

玻尔兹曼机的工作过程是一个迭代更新的过程，具体步骤如下。

初始化：首先，对可见单元进行初始化，通常是根据输入数据来设置其状态。隐藏单元的状态则随机初始化。

能量计算：根据当前可见单元和隐藏单元的状态，计算网络的玻尔兹曼能量值。这个能量值反映了网络当前状态与理想状态（即能量最低状态）之间的差距。

状态更新：基于能量值，对隐藏单元和可见单元的状态进行更新。更新过程通常遵循一定的概率分布，使得网络倾向于向能量更低的状态转变。

对于隐藏单元，其状态更新的概率取决于可见单元的状态以及连接权重。

对于可见单元，其状态更新的概率则取决于隐藏单元的状态以及连接权重。

迭代：重复上述步骤，直到网络达到稳态或满足一定的停止条件（如达到预设的迭代次数或能量值的变化小于某个阈值）。

（3）优化目标

玻尔兹曼机的优化目标是找到使网络能量值最小的状态配置。由于网络中的连接是对称的，且神经元是二值的，这使得玻尔兹曼机在理论上具有一些独特的性质，如易于实现并行计算和模拟退火等优化算法。

（4）优点

自我学习能力：玻尔兹曼机可以通过自我学习来处理大规模数据集。

复杂数据处理：对于具有复杂结构的数据，玻尔兹曼机表现出色，难以使用传统方法建模的任务特别适用。

（5）缺点

训练难度：玻尔兹曼机的训练过程较为复杂，需要大量的计算资源。

收敛速度：模型达到稳态的过程可能较慢，训练时间较长。

（6）应用领域

玻尔兹曼机能够处理大规模数据集，并且在数据具有复杂结构时表现出色，可以应用于多种机器学习任务，包括降维、分类、回归、协同过滤、特征学习以及主题建模等。

模式识别：利用玻尔兹曼机对输入数据进行特征提取和分类。

图像处理：通过玻尔兹曼机对图像进行去噪、分割和识别等操作。

优化问题：将优化问题转化为玻尔兹曼机的能量最小化问题，从而利用网络的并行计算能力来加速求解过程。

综上所述，玻尔兹曼机作为一种基于能量的模型，在处理复杂数据和自我学习方面具有显著优势，但其训练难度和收敛速度也是需要考虑的因素。

18. ChatGPT 正式成为一款人工智能网络搜索引擎

2024年11月1日凌晨，OpenAI 的 ChatGPT search 功能在 ChatGPT 中上线。这意味着，ChatGPT 正式成为一款人工智能网络搜索引擎。此前，谷歌刚刚宣布Gemini API整合谷歌搜索。由此引发一系列问题，归纳起来有三个。

（1）基于人工神经网络的AI大模型，在搜索领域有什么特别的优势？

首先，ChatGPT这类深度学习神经网络模型具备强大的综合信息处理能力。它们能够提炼和归纳相关性信息，深入理解网页内容，并根据用户查询快速筛选出最相关的信息，使搜索结果更加精准和简洁。相比之下，传统搜索引擎往往只是简单地提供链接。

其次，神经网络模型能够根据用户的搜索历史，精准地捕捉用户的行为偏好和真实需求，从而给出最适合用户的搜索结果。

面对用户多样化的复杂问题，神经网络模型能够处理复杂查询和跨领域搜索。它们能够迅速理解查询意图，并从多个维度和角度进行搜索和查询，同时整合跨领域知识，为用户提供全面深入的解答。

此外，神经网络模型还能与用户进行自然语言交互，完成各种任务，如查找信息、预订机票、购买商品等。这极大提升了搜索的便捷性和实用性，使用户体验更加流畅和高效。

最后，随着技术的不断进步，神经网络模型将更加注重智能化程度的提升和跨领域知识整合能力的增强。它们将实现交互方式的多样化，成为未来搜索引擎领域的重要发展方向。

（2）在实际体验中，“幻觉”问题依然存在，ChatGPT搜索结果质量参差不齐。特别是在中文搜索方面，其表现还远不及国内同类产品。这是什么原因？

在实际应用中，ChatGPT搜索结果质量参差不齐，尤其在中文搜索方面表现不佳，远不及国内同类产品，这主要归因于很多方面。

第一，ChatGPT的模型虽然规模庞大，但在中文环境下的训练数据相对较少。中文作为一种高度复杂的语言，具有大量的汉字、词汇和语法规则，且中文互联网上的信息质量和表达方式也多种多样。这导致ChatGPT在理解和处理中文信息时可能存在困难，从而影响搜索结果的准确性。

第二，ChatGPT在处理能力与获得的信息量有关，中文搜索时会受到中文资料库的限制。中文资料库的规模影响神经网络模型对中文语言的理解和生成能力。

第三，中文互联网环境的特殊性也是导致ChatGPT中文搜索效果不佳的原因之一。中文互联网上存在大量的封闭型社区和平台，这些平台之间的信息往往不互通，给ChatGPT抓取和整合信息带来了难度。

（3）据报道，ChatGPT在美国的在线医疗咨询领域应用时被发现有40%的虚假内容，而且SORA的发展也遇到了难以逾越的瓶颈，请问用机器学习这个“笨办法”的AI大模型前途如何，接下来可能会在什么方向和应用领域获得突破？

关于使用机器学习这一“笨办法”的AI大模型的前途，尽管ChatGPT在在线医疗咨询领域被发现有虚假内容，且SORA的进一步发展遇到瓶颈，实际上，传统神经网络推理机给出的结论就存在这些问题，有时给出的答案是模糊的，或者是错误，但毕竟还能保证多数情况下的正确答案。所以，这并不否定深度神经网络模型的发展前景。

首先，深度神经网络模型在多个领域已展现出强大的应用能力，如工业研发设计、生产制造、经营管理等环节的应用正逐步深化。随着技术的不断进步和数据的持续积累，深度神经网络模型在更多细分领域和复杂任务上的表现将得到提升。

其次，深度神经网络模型在面临挑战时，也在不断探索新的突破方向。例如，通过技术创新和多维度突破，深度神经网络模型可以尝试解决在数理逻辑、幻觉问题等方面的缺陷。此外，深度神经网络模型还可以与其他优化算法结合，如粒子群优化算法、遗传算法，以进一步提升其应用效果。

最后，在应用领域方面，深度神经网络模型在许多领域获得新的突破。尽管目前存在虚假内容等问题，但随着技术的不断完善和监管的加强，深度神经网络模型有望为医疗咨询、疾病诊断等提供更多有价值的支持。

十二 人工智能走进太空探索

在21世纪的航天领域，人工智能技术的崛起无疑是最具革命性的进步之一。从任务规划到设计、制造，再到发射后的自主操作，人工智能正逐步渗透到航天器研制的每一个环节。人工智能技术的应用不仅大大提高了研制效率，还拓宽了航天任务的边界，推动了人类对太空的探索。

传统的航天器研制过程复杂且耗时长，而人工智能赋予了这个过程新的生命力。人工智能可以优化设计方案，模拟和预测不同条件下的任务表现，从而减少错误和设计迭代。此外，在制造阶段，人工智能与先进的自动化技术相结合，打造了高度智能化的装配线，提升了生产效率和质量控制能力。在任务执行过程中，人工智能更是可以自主适应复杂的太空环境，实时调整航天器的行为，确保任务的成功。

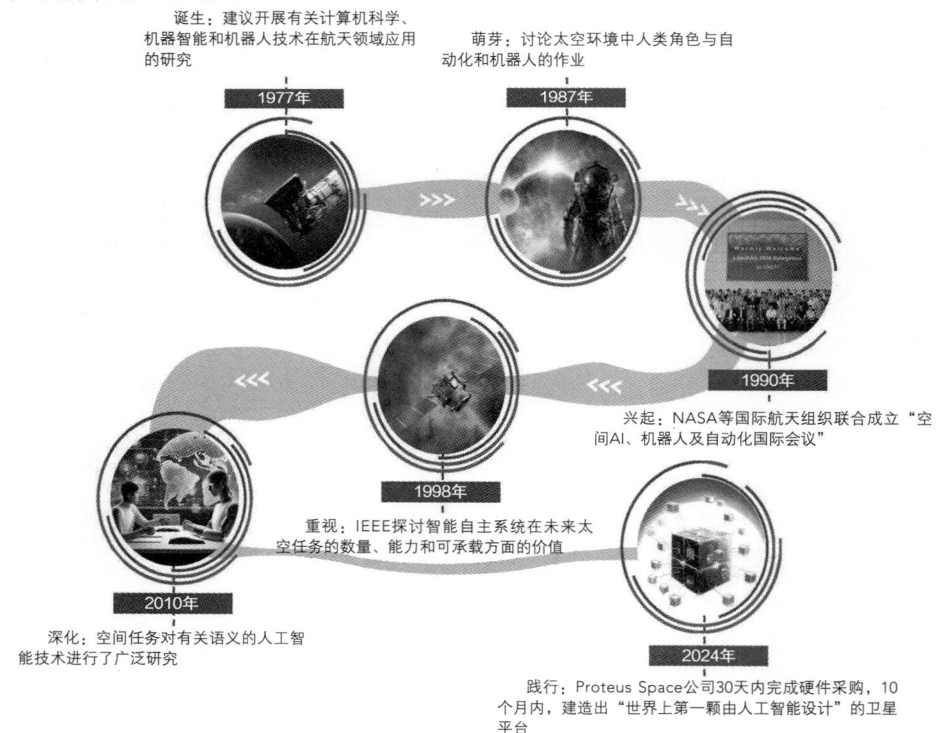

1. 人工智能在太空探索领域的应用历程

在探索宇宙奥秘的过程中，人类长期以来一直试图将探索的边界推到地球之外。随着人工智能的出现，太空探索领域经历了一场深刻的变革。人工智能已经成为促进我们对太空理解的关键工具，特别是通过部署自主探测器和促进突破性的天文发现。本文深入探讨了人工智能与太空探索的交集，探讨了它的演变、影响以及迄今为止取得的显著成就。

（1）人工智能拓展了太空任务

人工智能在太空中的探索始于几十年前，早期的任务利用人工智能的基本形式进行数据处理和决策。20世纪70年代发射的“旅行者”号和“先驱者”号飞船利用基本的人工智能实现自主导航。

1990年初，NASA等国际航天组织联合成立“International Symposium on Artificial Intelligence， Robotics and Automation in Space”（I-SAIRAS，空间AI、机器人及自动化国际会议）

i-SAIRAS由欧洲航天局、美国航空航天局、加拿大航天局、德国宇航中心和日本宇宙航空开发研究机构共同组织，是一项有国际影响力的国际学术研讨会，该项会议每两年举办一届。2016年首次在中国举办，也是中国国家航天局首次以官方身份正式参与该项会议的组织工作。此次各国与会代表参观五院，全面展示了中国航天的成就，为后续开展潜在合作起到了促进作用。

正在太阳系边缘遨游的旅行者2号

（2）自主漫游者的兴起

自主漫游车的出现标志着人工智能在太空探索中的作用取得了重大飞跃。作为1997年火星“探路者”任务的一部分，美国NASA的“旅居者号”探测器是一个开拓者，它利用人工智能算法在火星表面进行导航和避障。随后的火星车，包括勇气号、机遇号、好奇号和毅力号，都展示了越来越复杂的人工智能能力，使它们能够自主执行复杂的任务、分析数据，并针对勘测现场实际情况，实时地做出相应的决策。

美国NASA的“旅居者号”探测器

（3）AI智能代理控制的深空1号航天器

1998 年，美国宇航局发射深空 1号技术演示航天器，试验了自动导航等先进技术。深空 1 号的飞行实验由人工智能远程代理控制，能检测、诊断和修复任务中遇到的问题，保障任务顺利开展。

深空1号航天器

（4）在其他行星上操控无人机

2020年7月30日，美国毅力号火星车从佛罗里达州卡纳维拉尔角空军基地升空。毅力号是美国宇航局火星探测项目的最新成员，代表了当时人工智能能力的巅峰。它配备了增强的人工智能系统，不仅可以探索火星表面，还可以进行实验，收集可能返回地球的样本，甚至有史以来第一次在另一个星球上驾驶一架小型直升机“匠心”。

配备人工智能的火星漫游车探索火星表面的情景

（5）人工智能增强的天文观测

人工智能并不局限于行星探索，它将我们的触角延伸到宇宙的深处。配备人工智能算法的望远镜和天文台彻底改变了天文学研究。它们分析大量的数据，探测天体现象，并识别人类可能无法观察到的模式。例如，开普勒太空望远镜利用人工智能，通过探测由行星凌日引起的星光的细微变化，识别出了数千颗系外行星。

2022年发射升空的詹姆斯·韦伯太空望远镜（The James Webb Space Telescope，JWST）是为了观测宇宙最早的时刻而发射的，它将人工智能用于数据处理和优化，使其能够筛选大量数据，以捕捉前所未有的宇宙景象。

詹姆斯·韦伯太空望远镜和类似开普勒的望远镜正在捕捉宇宙的壮丽景象，通过人工智能分析大量数据，识别出潜在的天体现象

（6）筷子“夹”火箭

2024年10月，全球科技界的目光再次聚焦于马斯克及其SpaceX公司在航天领域的又一创新壮举——筷子“夹”火箭技术。这一前所未有的创意不仅激起了广泛的讨论，更深刻地揭示了人工智能技术与航天科学融合发展的广阔前景。

马斯克，作为全球最具前瞻性的企业家之一，始终致力于突破科技的边界。他领导下的SpaceX公司推出了多个令人瞩目的创新项目，其中，“星舰”火箭无疑是最为耀眼的明星。这款重型火箭具备多次发射的能力，承载着将人类送上火星的宏伟愿景。而筷子“夹”火箭的概念，则是将传统技术与人工智能技术巧妙结合，以一种独特而令人惊叹的方式，展现了现代工程的灵活性与智能性，迅速吸引了全球网友的关注与热议。

近年来，人工智能（AI）技术在各行各业的迅猛发展，为航天科技的进步注入了强大的动力。在火箭发射过程中，AI技术被广泛应用于数据分析、预测模型构建以及自动化控制等多个环节。这些技术的运用不仅显著提升了火箭的安全性和发射效率，更为科学家们在发射前的准备工作提供了有力的支持。例如，通过机器学习对历史发射数据的深入分析，工程师们能够不断优化火箭设计，从而进一步提高发射的成功率。

在AI技术的助力下，SpaceX的火箭发射事业达到了前所未有的高度。从火箭设计的初期阶段到最终的发射与回收过程，人工智能的应用始终贯穿其中。深度学习、神经网络以及生成对抗网络等先进算法被相继引入，使得算法能够在复杂多变的状况下做出精准决策。这不仅极大地节省了人力资源，更显著提升了发射任务的成功率，为航天事业的未来发展开辟了更加广阔的空间。

马斯克公布了一个大胆的想法："筷子"

（7）未来可期

虽然目前人工智能还没有达到科幻小说中描述的程度，但随着技术的发展，其在太空探索乃至更广阔的领域都将拥有光明的前景。

一方面，人工智能技术在太空探索应用中已经初露锋芒，通过与传统方法互补配合，相辅相成，有助于航天器和任务方案升级换代，取得更大成果。

在空间站工作的机器人宇航员

另一方面，人工智能技术的深入普及，将促进多学科融合发展，造福于更多的航天科研领域。随着算法、算力和云技术的进一步突破，人工智能技术的应用将日趋广泛，未来将会促进整个航天领域的发展。

探索月球的坑和洞

如今，人工智能大模型的应用也初见成效。中国科学院与阿里云联合发布的“月球专业大模型”就是很好的例子。科研工作者只需输入月球撞击坑图像和相关问题，月球专业大模型即可从 17 种多模态数据中（包括光谱、高程、重力等数据）判定图像对应的模态类型，回答该撞击坑的形态、大小、年代等相关问题，并给出推理过程，在月球撞击坑年代和形态判别上的准确率已达到 80%以上，极大提升了海量数据的处理速度，帮助科研工作者挖掘新的科学发现。

在可以预见的未来，人工智能将与机器人技术相结合，人们可能会看到能自行探索遥远行星和卫星的机器人。宇宙和其他星球的环境非常恶劣，矿物种类和结构与地球相差甚远，人工智能便可以代替人类进行深度探索和星球开发，采集有用的资源，甚至将外星环境改造得更适宜人类居住。

着陆在土卫六上的蜻蜓机器人

2. 人工智能引领卫星总体设计新纪元的到来

2024年9月，美国初创公司 Proteus Space 最近宣布了一项雄心勃勃的计划——在 2025 年发射世界上第一颗由人工智能研制的卫星，这不仅标志着卫星研制领域的一次重大飞跃，也预示着人工智能引领卫星总体设计的时代即将到来。

（1）应用于不同阶段

人工智能在卫星设计与装配过程中是如何应用的呢？

可以想象，人工智能设计流程一定始于对卫星任务需求的深入分析。通过收集并分析大量历史数据、用户反馈及未来趋势预测，人工智能系统能够精准把握卫星的性能指标和任务功能等关键要素。在此基础上，人工智能算法将根据有效载荷的尺寸、质量和要求，给出或生成多个初步总体方案。

进入设计阶段，人工智能系统将发挥其核心优势。它不仅能够快速生成卫星的三维模型，还能对模型进行多轮优化迭代。通过模拟不同场景下的运行状况，人工智能可以自动调整各个子系统的方案，如结构布局、姿态控制、能源分配、材料选择、热控设计等，以实现总体性能最优、成本最低的设计方案。其还能预测潜在设计风险，并提前给出解决方案，确保设计的可靠性和安全性。

卫星总装阶段可以充分利用智能制造技术，如 3D 打印、自动化装配线等，提高装配效率和质量。人工智能系统将实时监控制造过程，对关键部件进行质量检测和控制，确保每个部件都符合设计要求。同时，人工智能还能优化装配流程，减少人为错误，提高装配精度和效率。

发射飞船前的测试和验证

卫星在发射前需要经过严格的测试和验证。人工智能系统将参与这一过程，通过模拟各种极端环境和运行条件，对卫星进行全面测试，快速分析测试数据，识别潜在问题，并提出改进建议。卫星在轨运行期间，人工智能还能进行实时监测和故障诊断，确保卫星稳定运行。

（2）降本提质优势多

相比于传统的卫星研制模式，人工智能研制卫星有着独特优势。

其一是提高设计效率与质量。传统标准卫星平台设计通常分为 4个阶段：论证阶段、方案阶段、工程研制阶段、使用改进阶段。通常传统卫星研制周期较长，即使是采用先进技术和科学管理的小卫星，研制周期也至少需要1年时间。人工智能的引入极大提高了卫星设计的效率和质量。人工智能可以在短时间内生成多个设计方案，并通过智能推理算法实现快速优化。这不仅大幅缩短了卫星设计周期，还提高了设计的准确性和可靠性。

其二是降低研发成本。比如，人工智能通过优化材料选择、减少设计冗余、提高研制效率等，从而使整体研制成本降低。其还能通过预测潜在问题和提前提出解决方案，减少后期修改和返工的成本。

其三是增强卫星的性能与功能。通过先进算法的应用，人工智能可以设计出更加复杂和高效的卫星载荷及控制系统，提高卫星的观测精度、数据传输速度等性能指标。人工智能还能使卫星具备更强的自主导航和控制能力，提高任务的成功率和效率。

随着人工智能技术与应用的不断发展和成熟，可以预见人工智能在卫星研制领域将向两种趋势发展：

一是，智能化设计将成为卫星设计领域的主流趋势。人工智能将能够更加精准地把握用户需求和市场趋势，生成更加符合实际需求的设计方案，并通过不断学习和优化提高设计的创新性和竞争力。二是，未来人工智能与卫星技术的融合将更加紧密和深入。通过人工智能的赋能，卫星将具备更强的自主性和智能化水平，能够更好地适应复杂多变的太空环境和任务需求。

Proteus Space 公司利用人工智能研制卫星，不仅是具有里程碑意义的创新之举，更是人工智能与卫星技术融合发展的缩影。未来，太空探索与应用领域将迎来无限可能。

卫星总装过程中的自动化装配线
和人工智能质量控制系统

3. 卫星研制与AI融合的应用案例

洛杉矶初创公司Proteus Space宣布了一项计划：他们计划用人工智能设计EAPA低轨卫星[ESPA：E 代表 Evolved Expendable Launch Vehicle（改进型一次性运载火箭），SPA代表 Secondary Payload Adapter（二次有效载荷适配器）]。

Proteus Space成立于2021年，是规模仅有11～50人的小企业。公司发展定位是“以加快有效载荷进入太空轨道的任务为目标”。公司的首席执行官兼联合创始人David Kervin（大卫· 凯尔文）寄希望通过“Mercury（水星）系统”实现这一目标。何为“MERCURY系统”呢？它可以视为数字工程师，是一种用于定制卫星平台的智能软件编排系统，它能缩短卫星的设计、研制、测试和制造的周期，消除技术上的错误和返工。它比传统研制卫星快了数千倍，并且使质量和可靠性也从本质上得到了提升，进而有利于有效载荷更快、更便宜、更容易地送入太空。

对于快速发展的有效载荷进入太空而言，传统标准卫星平台中的“标准”，给卫星平台适应于有效载荷的修改带来很多烦恼，比如，增加了研制和测试成本、拖延了有效载荷进入轨道的时间。Proteus Space致力于缩短大型卫星进入轨道（特别是那些携带新型有效载荷的卫星）的研制周期，但他们没有按照研制标准卫星平台的路线，而是选择利用人工智能、机器学习和数字孪生等方法，为每个客户的不同有效载荷设计全新的卫星平台。具体而言，就是围绕客户的有效载荷来定制卫星，真正地专注于为新型有效载荷的快速设计。

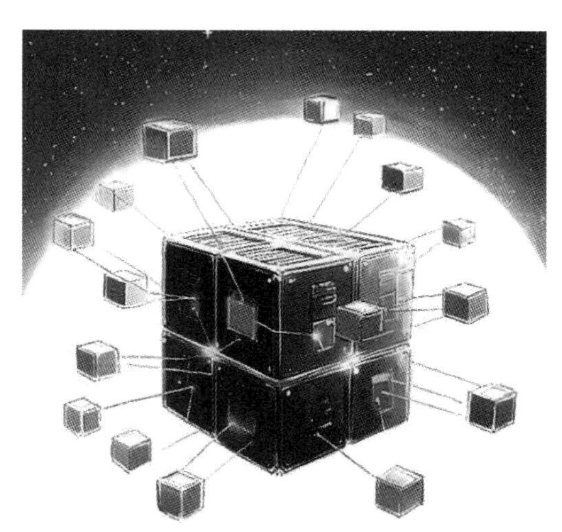

Mercury设计软件可以快速探索数千种设计选项，并适应卫星要求的变化

为了吸引新客户，Proteus Space将向合格客户免费提供初步卫星设计

思考题

1. 人工智能的发展初期，哪些理论奠定了其基础？
2. 为什么符号主义在早期AI研究中占据主导地位？
3. 艾伦・图灵和图灵测试对人工智能的定义有哪些具体影响？
4. 人工智能从符号主义向连接主义的转变，经历了哪些关键事件？
5. 早期的“AI寒冬”对人工智能研究产生了哪些深远影响？
6. 深度学习如何克服了传统机器学习的局限性？
7. AlphaGo的成功对人工智能研究和公众认知有何意义？
8. 大规模数据和计算能力的提升如何推动了人工智能的发展？
9. 现代自然语言处理技术是如何实现人机语义理解的突破的？
10. 人工智能在图像识别领域的应用为何能达到超人类水平？
11. 人工智能的发展会对哪些传统行业造成最大冲击？
12. 人工智能的广泛应用是否会导致社会阶层的进一步分化？
13. 如何评估人工智能在医疗和教育领域的公平性和普及性？
14. 智能交通系统如何改变未来城市的交通规划和出行方式？
15. 人工智能是否会改变人们的社交习惯和人际关系模式？
16. 如何在算法开发中尽量减少偏见和歧视的出现？
17. 人工智能是否应被赋予法律人格？为什么？
18. 在AI参与的医疗诊断或自动驾驶中，责任应如何划分？
19. 数据隐私与人工智能技术进步之间的矛盾如何解决？
20. 人类是否有义务为可能产生的超级智能AI设定发展边界？
21. 强人工智能（AGI）实现的可能性有多大？
22. 如果人工智能能够自我进化，人类该如何应对？
23. 未来人工智能在艺术创作中的角色是替代还是辅助？
24. 人工智能是否会在道德或伦理上超越人类？
25. 在未来社会中，AI与人类的关系是合作还是竞争？
26. 机器是否可能拥有类似人类的意识？其意义何在？
27. 人类与人工智能在认知方式上的根本区别是什么？
28. 人工智能的“思考”是否等同于人类的思维？

29. 自由意志是否可以通过人工智能进行模拟或实现？
30. 如果AI能够感知情感，人类是否应该为其赋予权利？
31. 如果AI对人类生存构成威胁，人类是否有能力终止其发展？
32. 如果AI系统在战场中失控，会带来怎样的后果？
33. 人工智能是否会改变战争的本质？
34. 人工智能的发展历史中有哪些技术与社会需求互相推动的例子？
35. 人工神经网络和专家系统在信息处理原理上有什么主要区别？
36. 专家系统主要依赖规则和知识库，而人工神经网络则依赖数据驱动的学习。如何看待这两种方法的优缺点？
37. 为什么人工神经网络被认为更接近于模拟人脑的工作原理？
38. 在解决复杂的非线性问题时，为什么人工神经网络更具优势？
39. 专家系统在规则明确、逻辑清晰的领域更有效。举例说明哪些行业最适合专家系统？
40. 面对快速变化的环境或数据稀疏的场景，人工神经网络和专家系统各自的表现如何？
41. 专家系统在20世纪80年代一度非常流行，但为什么后来被人工神经网络所超越？
42. 人工神经网络需要大量数据进行训练，这是否成为其局限？专家系统是否能在小样本环境中更占优势？
43. 专家系统的知识获取瓶颈与人工神经网络的“黑箱”问题，哪个更难克服？
44. 人工神经网络与专家系统是否有可能融合形成新的智能系统？
45. 在构建智能系统时，是否应该综合利用规则驱动和数据驱动的优点？举例说明可能的实现方式。
46. 随着深度学习和知识图谱的发展，是否有可能让神经网络具备专家系统的逻辑推理能力？
47. 专家系统的决策通常是透明的，而神经网络则更难解释。对于高风险场景（如医疗诊断），哪种系统更适合，为什么？
48. 如果专家系统与神经网络同时用于决策，如何协调两者可能给出的不同结果？
49. 人工神经网络和专家系统是否可以被视为智能的两种不同体现？这种智能是否能真正超越人类？

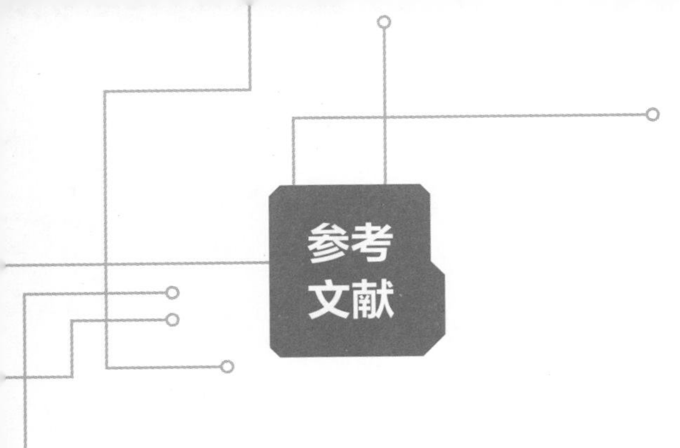

[1] Defining Artificial Intelligence[EB/OL]. （2024-11-01）[2025-01-16]. https://www. nasa. gov/what-is-artificial-intelligence

[2] What is the history of artificial intelligence [EB/OL]. （2024-01-01）[2025-01-16]. https://www. tableau. com/data-insights/ai/history

[3] Michael Haenlein1 and Andreas Kaplan. A Brief History of Artiffcial Intelligence:On the Past, Present, and Future of Artiffcial Intelligence[J]. California Management Review,61(4), July 2019

[4] 4. Dr. Haojin and Yang. A Concise History of Neural Networks[EB/OL]. （2024-01-02）[2025-01-10]. https://hpi. de/oldsite/fileadmin/user_upload/fachgebiete/meinel/team/Haojin/habilitationsschrift/Probevorlesung_HaojinYang. pdf

[5] Paulo Botelho Pires. Artificial Neural Networks: History and State of the ArtArtificial Neural Networks: History and State of the Art. [EB/OL]. （2023-01-01）[2025-01-16]. https://www. researchgate. net/publication/374723059

[6] McCarthy J, Minsky M L, Rochester N, Shannon C E. A proposal for the Dartmouth summer research project on artificial intelligence[R]. Dartmouth College, 1955.

[7] Nilsson N J. The quest for artificial intelligence: A history of ideas and achievements[M]. Cambridge: Cambridge University Press, 2010.

[8] Russell S, Norvig P. Artificial intelligence: A modern approach[M]. 4th ed. Boston: Pearson, 2021.

[9] Crevier D. AI: The tumultuous history of the search for artificial intelligence[M]. New York: Basic Books, 1993.

[10] 刘韩. 人工智能简史[M]. 人民邮电出版社，2018.

[11] 尼克. 人工智能简史[M]. 第2版. 北京：人民邮电出版社，2021.

[12] 林军，岑峰. 中国人工智能简史[M]. 北京：人民邮电出版社，2023.

[13] 龚超. 知识工程：人工智能如何学贯古今[M]. 北京：化学工业出版社，2023.